和谐校园文化建设读本

科技之光

杨 睿/编写

吉林出版集团股份有限公司
吉林教育出版社

图书在版编目(CIP)数据

科技之光 / 杨睿编写. — 长春：吉林教育出版社，
2012.6(2022.10重印)

（和谐校园文化建设读本）

ISBN 978 - 7 - 5383 - 8801 - 5

Ⅰ.①科… Ⅱ.①杨… Ⅲ.①科学技术－技术史－中
国－青年读物②科学技术－技术史－中国－少年读物
Ⅳ.①N092-49

中国版本图书馆 CIP 数据核字(2012)第 116071 号

科技之光
KEJI ZHI GUANG

杨 睿 编写

策划编辑 刘 军　潘宏竹

责任编辑 付晓霞　　　　　　　　　　　**装帧设计** 王洪义

出版 吉林出版集团股份有限公司（长春市福祉大路5788号　邮编 130118）

吉林教育出版社（长春市同志街 1991 号　邮编　130021）

发行 吉林教育出版社

印刷 北京一鑫印务有限责任公司

开本 710 毫米×1000 毫米　1/16　　**印张** 11　　**字数** 140千字

版次 2012 年 6 月第 1 版　　**印次** 2022 年 10 月第 2 次印刷

书号 ISBN 978 - 7 - 5383 - 8801 - 5

定价 39.80 元

编 委 会

主　　编：王世斌

执行主编：王保华

编委会成员：尹英俊　尹曾花　付晓霞

　　　　　　刘　军　刘桂琴　刘　静

　　　　　　张　瑜　庞　博　姜　磊

　　　　　　潘宏竹

　　　　　　（按姓氏笔画排序）

总 序

千秋基业，教育为本；源浚流畅，本固枝荣。

什么是校园文化？所谓"文化"是人类所创造的精神财富的总和，如文学、艺术、教育、科学等。而"校园文化"是人类所创造的一切精神财富在校园中的集中体现。"和谐校园文化建设"，贵在和谐，重在建设。

建设和谐的校园文化，就是要改变僵化死板的教学模式，要引导学生走出教室，走进自然，了解社会，感悟人生，逐步读懂人生、自然、社会这三本大书。

深化教育改革，加快教育发展，构建和谐校园文化，"路漫漫其修远兮"，奋斗正未有穷期。和谐校园文化建设的研究课题重大，意义重要，内涵丰富，是教育工作的一个永恒主题。和谐校园文化建设的实施方向正确，重点突出，是教育思想的根本转变和教育运行机制的全面更新。

我们出版的这套《和谐校园文化建设读本》，既有理论上的阐释，又有实践中的总结；既有学科领域的有益探索，又有教学管理方面的经验提炼；既有声情并茂的童年感悟；又有惟妙惟肖的机智幽默；既有古代哲人的至理名言，又有现代大师的谆谆教诲；既有自然科学各个领域的有趣知识；又有社会科学各个方面的启迪与感悟。笔触所及，涵盖了家庭教育、学校教育和社会教育的各个侧面以及教育教学工作的各个环节，全书立意深邃，观念新异，内容翔实，切合实际。

我们深信：广大中小学师生经过不平凡的奋斗历程，必将沐浴着时代的春风，吸吮着改革的甘露，认真地总结过去，正确地审视现在，科学地规划未来，以崭新的姿态向和谐校园文化建设的更高目标迈进。

让和谐校园文化之花灿然怒放！

本书编委会

目 录

发明创造

天下咸称"蔡侯纸"

纸是用来写字、印刷、绘画的物品,现在市场上可以看到各种各样、五颜六色的纸张。可是在纸发明之前,人们用什么写字呢?

我国文字可考的历史是从商朝开始的,但当时没有纸,于是他们就把文字刻在乌龟壳或者野兽的骨头上。这就是人们今天所说的"甲骨文"。随着文化的发展,文字的使用范围扩大了,需要记载的事情越来越多,甲骨已经不能满足书写的需要了。后来,人们发现竹片、木片可以代替甲骨,而且来源广泛,于是人们开始在竹片、木片上刻字,这就是"竹简"、"木简"。据说秦始皇建立秦王朝时,每天要批阅的竹简公文,就有120斤。西汉的东方朔给汉武帝写了一份奏折,用了3000片竹简。这份奏折两个人才能抬起来。汉武帝通读这封信,足足用了两个多月的时间。由此看来,使用竹简实在很不方便。后来,有人开始用丝织的帛代替竹简和木简。公元前220年,秦朝大将蒙恬发明了毛笔,同时有人发明了墨。这样用毛笔在帛上写字就方便多了。可是帛的价钱十分昂贵,一般人用不起。因此,寻求廉价、方便、易得的新型书写材料,逐渐成了迫切的社会要求。

我国早在上古时期,就掌握了种桑养蚕的技术,并且能缫丝织绢。人们用蚕茧做丝棉时要经过漂絮。所谓漂絮就是用水把茧子煮沸,再放到河里漂冲,等到茧子都散开,就会成为一片完整的丝棉。但每次漂冲取出丝絮后,总留下一层薄薄的丝絮在篾席上。等残留的丝絮干了以后,可以在上面写字。人们发现这个方法以后,受到启示,制造出最原始的纸来。

1957年,西安市东郊的灞桥古墓出土了一叠小片古纸,共88张。纸呈微黄色,已裂成碎片,最大的长宽约10厘米,最小的也有3×4平方厘米。经过化验鉴定,这些纸是以大麻和少量苎麻的纤维为原料制成的。考古专家认为,这种纸最晚是汉武帝时期的,约在公元前140年至公元前87年之间。因为纸是在灞桥发现的,因此叫它"灞桥纸"。这是世界上发现的最早的纸。

东汉时期,学者们的文章越来越长,造纸术的改革越来越迫切。105年,汉和帝时监制宫廷器物制造的宦官蔡伦,改进了原始的造纸技术,造出了质量优良的"蔡侯纸",满足了人们的需要。蔡伦,字敬仲,桂阳(今湖南省耒阳市)人。他很有才华,为了造出质量好的纸,他走访群众,广泛调查研究。他总结了西汉以来造纸的经验,进行了大胆的试验和革新。在原料上,除采用破布、旧鱼网等废旧麻料材料外,同时还采用树皮,解决了造纸的材料来源。在技术工艺上,除淘洗、碎切、泡沤原料之外,还开始采用石灰进行碱液烹煮,既加快了纤维的离解速度,又使植物纤维分解得更细、更散,大大提高了生产效率和纸张的质量,为纸的推广和普及,开辟了广阔的道路。105年,蔡伦把他用树皮、麻头和破布、旧鱼网制成的纸,献给汉和帝,从此"天下咸称'蔡侯纸'"。

有了丰富的材料来源和比较容易掌握的生产方法,造纸生产得到了极大的发展。造纸术的发明和发展,大大推动了文化知识的迅速传播,为人类文化的发展作出了巨大贡献。

造纸术在751年传入阿拉伯。当时唐朝将领高仙芝俘虏了石国(今塔什干)国王,王子逃走,向"诸胡"告高仙芝"欺诱贪暴",所以"诸胡"暗中"潜引"阿拉伯人,准备进攻高仙芝的部队。高仙芝知道后率领3万大军攻击阿拉伯人。结果在塔拉斯河几乎全军覆没,一些造纸工人被俘。于是在今天的巴格达、大马士革及撒马尔罕等地出现了采用中国技术和设备,以破布为原料的麻纸工场。阿拉伯造的纸大批生产后,即向欧洲各国输出，随之造纸术传入欧洲。12世纪，西班牙和法国首先建立了造纸厂。13世纪，意大利和德国也相继设厂造纸。到16世纪，纸已流行于全欧洲。

恩格斯诗赞印刷术

中国是最早发明印刷术的国家，印刷术的应用使书籍能够大量迅速地印刷出来，使科学知识和思想文化更广泛地传播，推进了我国和世界文化的发展。

我国刻字技术历史悠久，殷商时代的甲骨文，先秦以来的印玺，秦汉时代的刻石，尤其是魏晋时道教所刻制的大量木刻符箓，有的字数已达120字。还有晋代的反写阳文凸字的砖志，萧梁时的反写反刻阴文神通的石柱等，说明人们已掌握了熟练地反刻文字的刻凿技术。再加上人造松烟墨已发展成优良的书写原料，为印刷提供了上好的着色原料，用它印刷时，字迹清晰整齐，不会模糊漫漶。因此在这些充足的物质技术基础上，雕版印刷术应运而生了。雕版印刷一般选用纹质细密、坚实的木材为原料，虽然刻字费工，但由于木刻工艺简单，费用低廉，印刷便捷，因而深受人们欢迎，不断被推广和传播。

目前发现的最早的印刷品是木刻的《陀罗尼经》，刻于704~751年。现存世界上第一部标有年代的木板印刷品是敦煌石窟里发现的《金刚经》。它是868年王玠出资刻印的，由7张纸粘成一卷，全长488厘米，每张纸长76.3厘米，阔30.5厘米，卷末印有"咸通九年（868）四月十五日王玠为二亲敬造普施"，全卷完整无缺，刻印技术已很纯熟。这部《金刚经》在1907年被英国人斯坦因窃走，现存伦敦博物院图书馆。

早期的印刷活动主要用于刻印佛经、诗集、音韵书和教学用书，还用于历法、医药等科学技术书籍方面。到了9世纪，雕版印刷已相当普遍，成为一种新兴的重要手工业部门，对人们的经济生活和科技文化生活，起着越来越大的作用。

雕版印刷虽然一版能印制几百部甚至几千部书,但很费工、费时。大部头书往往要花费几年时间,存放版片又要占用很大地方。印量少又不重印的书,版片用后便成了废物。这样,对人力、物力和时间都造成了浪费。就在雕版印刷发展趋于鼎盛的时期,我国古代的印刷技术出现了重大的突破。北宋初年,刻字工人毕昇经过不断实践和研究,发明了活字印刷术。他用胶泥制成泥活字,一粒胶泥刻一字,经火烧使其变硬。事先准备好一块铁板,将松香、蜡以及纸灰等混合在一起放在铁板上。铁板上放一铁框,在铁框里排满泥字,排满一框后即放在火上加热,松香、蜡、纸灰遇热融化,冷却后便将一板泥活字都粘在一起。用一块平板将泥活字压平。一版印完,再用火加热使松香、蜡融化后就可以取下活字,以备再用。两块铁板和几套泥活字交替使用,印刷速度相当快。毕昇发明的活字印刷术,既能节省费用,又能缩短时间,非常经济和方便,在世界印刷技术史上,是一项伟大的创举。

活字印刷术在 11 世纪中期以后,陆续传播到世界各国。400 多年后,外国才开始有人用活字版印圣经。随着印刷术的不断改进,书籍用活版印刷,对世界文化和科学的发展,起着无与伦比的作用。恩格斯在 1840 年专门写了一首诗,对古代印刷术大加赞美。诗的题目是《咏印刷术的发明》,诗中写道:

你是启蒙者,

你是崇高的天神,

现在应该得到赞扬和荣誉,

不朽的神,

你为赞扬和光荣而高兴吧!

而大自然仿佛是通过你表明,

它还蕴藏着多么神奇的力量。

汉字印刷术的第二次发明

王选，北大方正的创始人、北大计算机研究所所长、中科院院士、中国工程院院士、第三世界科学院院士，曾被联合国教科文组织授予科学奖，被美国《商业周刊》评为"亚洲之星"。

王选在少年时代就立下了科技报国的志向。在北大上学时，他选择了我国刚刚建立的冷门学科计算数学，毕业后投身国产计算机的开发。

1958年王选毕业留校，他参加了我国第一台红旗计算机的研制工作。由于长年累月的忘我工作，他重病缠身，不得已返回上海养病。

1974年，电子部等五单位发起汉字信息处理技术的研究，被列入国家重点科研项目"748工程"。王选再也躺不住了，攻克汉字处理难关是他多年来的夙愿。

在作研究前，王选必须先弄清国内外的现状和发展动向。为了广泛查阅资料，他往返于北大至科技情报所之间，每次两角五分的公共汽车费都舍不得花，常常提前下车步行一站。由于缺乏经费，他常常用手抄代替复印。

选定的这个目标中，汉字字形信息量太大成了最大的难题。汉字字模的组合高达100万个以上，若采用传统的点阵汉字，储存量将达到200亿位。那些日子里，王选满脑子里都是汉字的横竖弯钩，连做梦也尽是笔画。他终于想出了用数学方法计算汉字轮廓曲率的"高招"。

1976年6月，王选的方案完成了模拟实验，获得了一致好评。同年9月，上级终于将"748工程"中的汉字精密照排系统研制任务正式交给了王选所在的北京大学。

就在王选紧张地投入研制时，全球著名的英国蒙纳公司，凭借着雄厚资金和先进技术，也正在加紧研制汉字激光照排机，想一举占领中国市场。面对双重压力，王选只是默默地加快自己的工作进度，带领着一帮年轻人夜以继日地勤奋工作。当时国外已经在研制激光照排四代机，而我国仍停留在铅印时代,我国政府打算研制自己的二代机、三代机。王选大胆地选择技术上的跨越,直接研制西方还没有产品的第四代激光照排系统。

1979年7月27日,精密汉字照排系统的第一台样机调试完毕。大家围在样机旁,紧张地注视着它的动作,机房里只有敲击计算机键盘发出的嗒嗒声。转眼之间,从激光照排机上第一次输出了八开报纸的胶片,王选怀着兴奋紧张的心情接下这张可以直接印刷的胶片,上面各种精美的字形、字体、花边、图案真是美不胜收!

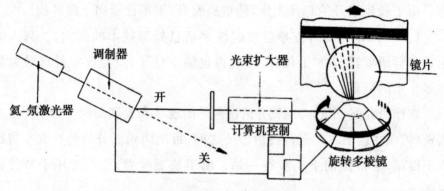

"第四代"照排机也叫激光照排

从1975年到1992年的18年中,王选没有节假日和休息日,天天泡在机房,每星期工作65小时以上。由于执著追求,由于艰苦努力,由于刻苦钻研,王选终于发明了高分辨率字形的高倍率信息压缩技术和高速复原方法,率先设计出相应的专用芯片,在世界上首次使用"参数描述方法"描述笔画特性,并取得欧洲和中国的发明专利。这些成果开创了汉字印刷的一个崭新时代,引发了我国报业和印刷出版业"告别铅与火,迈入光与电"的技术革命,彻底改造了我国沿用上百年的铅字印刷技术。国产激光照排系统使我国传统出版印刷行业仅用了短短数年时间,从铅字排版直接跨越到激光照排,走完了西方几十年才完成的技术改造道路,被公认为毕昇发明活字印刷术后中国印刷技术的第二次革命,使我国成为世界上独有的一步到位用上最先进的第四代激光照排系统的国家。

面对"当代毕昇"的赞誉，王选常说："毕昇发明活字印刷是在艰苦的环境中取得的，现在的条件好多了，我只不过借用了他的一点精神，再加上一点奋斗。其实，克服困难本身就是一种享受。"

王选是中国新一代科学工作者的杰出代表，具有准确的市场判断力和前瞻意识，被人们誉为具有市场头脑的科学家。从 1981 年开始，他便致力于研究成果的商品化工作，使中文激光照排系统从 1985 年起成为商品，占领国内报业 99％和书刊（黑白）出版业 90％的市场，以及 80％的海外华文报业市场，创造了巨大的经济和社会效益。1988 年后，他作为北大方正集团的主要开创者和技术决策人，提出"顶天立地"的高新技术企业发展模式，积极倡导技术与市场的结合，闯出了一条产学研一体化的成功道路。

"五笔数码"输入法的诞生

"王永民"，"五笔字型、五笔数码、王码鼠标"和"把中国带入信息时代的人"，是一些彼此割裂的语句。然而，一旦把它们相互联系起来，便将演绎出一段令世界吃惊的故事。

镜头一：1984 年。美国洛杉矶奥运会。中国体育健儿一次次登上冠军领奖台，宽敞明亮的体育馆大厅里，一次次升起鲜艳的五星红旗，一次次奏响《中华人民共和国国歌》。在场的中国人，欢呼雀跃，掌声雷动。祖国大地上，10 亿同胞用开心的笑容在万里长空书写出大大的字体：中国万岁！

然而，与此同时，人们也发现了一个令人吃惊的场景：在全世界采访奥运会的 7000 名记者中，所有国家的记者都在敲打着电脑向本国传送着新闻，只有中国的 22 名记者在使用手写的方法书写着报道。一边举金牌，一边握钢笔的尴尬场面，令身披"CHINA"字样的中国记者汗颜！

镜头二：20世纪70年代的一次学术研讨会上。一些专家说："中国的汉字无法进入电脑！"另一些学者说："中国的汉字与电脑时代无缘！"又一些专家兼学者说："中国文字要跟上时代，必须拉丁化！"

镜头三：20世纪70年代，美国一家大报社，不足100名员工，每天出版报纸七八十个版。同一时期，中国一家大报社400多名员工，每天出版报纸四个版！

这一切，都是因为汉字的特殊书写方式，使它不能进入计算机，因而被毫不留情地拒之于信息的大门之外。

三个镜头一个结论：闪耀了五千年光辉的中国汉字，有被世界信息大潮抛弃的危险！

三个镜头一个使命：汉字必须赶快进入电脑！谁来肩负起这一神圣而艰巨的历史使命？

王永民！

让象征着中华民族五千年文明的汉字尽快融入世界信息大潮，决不让汉字文明的血脉长河在我们这一代人身上断流！这就是王永民的理想！

王永民的行动立即开始。

在一间10平方米的简陋的工作间内，他从甲骨文的造字方式开始，一直研究到简化汉字的笔画构成。每每得到一点发现，他就立刻记录在一张卡片上。此时，他正在生病，他便一边治病一边工作。自1978年起，仅用两年的时间，竟记录了10万张卡片，摞在一起，高达12米！

经过如此浩繁的分析和研究，他终于制出了世界上第一个《汉字字根组字频度表》和《汉字字根使用频度表》，奠定了汉字进入电脑的基础理论。

1983年8月29日，在一次测试鉴定会上，人们惊喜地看到，过去一直只能用来输入英文的电脑屏幕上，第一次出现了中国汉字！

"汉字进入电脑啦！"这是一声划时代的欢呼。汉字是怎样进入电脑的？人们问王永民。王永民告诉大家，这是他在研究基础理论的基础上，创造出的汉字输入法——五笔字型输入法。

著名学者郑易里激动地宣布："从今天起，汉字输入不能与西文同日而语的时代，一去不复返了！"为了纪念王永民的功绩，人们把这个神奇的"五笔字型输入法"亲切地称为"王码"。"王码"的横空出世，推倒了隔在汉字与电脑之间的厚墙，从此使中华汉字融入了世界信息大潮！

五笔字根图

一个晴朗的夜晚，一架北京飞往新加坡的客机飞抵狮城上空。坐在客舱里的王永民突然发现，漆黑的舱外只有两处闪耀着光芒：一处是天上的星斗，一处是地上的灯光。这一上一下的光芒激活了王永民的汉字编码灵感，一个奇思妙想顿时在他的脑际闪现：头尾取码！只取两头——首部、余部！能不能只用 10 个数字，使用一只手完成汉字输入，从而大大提高"五笔字型"输入法的效率呢？

飞机上的构想，变成了工作室里的行动。王永民把每一个合体汉字一分为二，分成"首部"和"余部"，研究"分别取码"的理论。运用这个理论，每个字的"首部"最多取 2 个码，"余部"最多取 4 个码，于是无论多么复杂的汉字，只要打 6 个码就都能够顺利输入了。就这样，"五笔数码"输入法诞生了，一个汉字数字化的新世界展现在了世人的面前！专家们兴奋地称赞:"五笔数码",发现了汉字的基因。

王永民并没有就此止步。之后,随着手机、机顶盒的出现,他又发明用10个键代替26个键,完成了在手机、电话机、传真机上的汉字输入,使各种各样的数字化新产品应运而生。

"为着理想,勇敢前进!"这是孩子们唱的一首歌。此时,不断开辟电脑汉字输入新纪元的王永民,真像一个朝气蓬勃的孩子,为着理想高歌猛进。在发明"五笔数码"之后,他很快又发明了"王码鼠标"。"王码鼠标"彻底解放了一只手,使汉字输入实现了数字化,在办公、人事、金融、商业、军事、学校和家庭得到了广泛的应用。接着,他又提出了在汉字字形、字种、内码、输入码以及软件、硬件、教材、辞书通讯等一切领域,实现"大一统"的目标。到那时,汉字数字化必将形成大型的新兴产业,汉字文化将实现更伟大的复兴!

第一次披露火药配方

火药是我国古代的四大发明之一,它对人类的伟大意义为全世界所公认。火药顾名思义就是"着火的药"。触火即燃是它的主要特性,可是为什么叫"药"呢?

在公元前6世纪,有一个叫计然的人说过:"石流黄出汉中","消石出陇道"。石流黄就是硫黄,消石就是硝石,古时还称焰硝、火硝、苦硝、地霜等。这说明在春秋战国时期,人们就已经熟悉了木炭、硫黄、硝石等。我国第一部药材典籍——汉代的《神农本草经》,把硝石、硫黄列为重要的药材。火药发明之后仍被列入药类。明代著名医药学家李时珍的《本草纲目》中说火药能治疮癣、杀虫、辟湿气和瘟疫。但是主要的原因还是火药的发明来自于人们长期炼丹制药的实践中,由此得名"火药"。

火药不是少数人在短期内取得的成果,而是由我国古代劳动人民、药物学家、炼丹家、军事家、科学家经过几个世纪的努力,在生产活动、科学实验和军事斗争的长期过程中,逐步发明和完善的。首先,人们对组成火药的硝、硫、炭的性质有了一定的认识。早在商周时期,人们便使用木炭为燃料从事冶金活动,因为木炭比木柴燃烧得更好。硫黄是天然存在的,在冶炼中,逸出的刺鼻的二氧化硫和温泉中四溢的硫黄气体,直接刺激着人们的感官,使人们对硫黄的性能有了了解。此外,《神农本草经》还提到硫能和铜、铁等金属化合,而且硫和水银化合生成红色的硫化汞。因此炼丹人在企图用水银炼制的所谓的"金液"、"还丹"中常使用硫。在实践中,人们发现硫着火容易飞升,很难擒制。为了控制硫,炼丹人采用了"伏火法",就是经过和其他某些易燃物质混合加热或发生某种程度的燃烧,使它变性。火药的发明与这种伏火的实验有密切关系。硝的引入是制取火药的关键。硝的化学性质很活泼,撒在炭上一下子就产生焰火,能和许多物质发生反应,所以在炼丹中,常用硝来改变其他药品的性质。人们对炭、硫、硝三种物质的认识,为火药的发明准备了条件。

在火药发明之前,古代军事家常采用火攻这一战术作战。在当时的火攻中有一种称作"火箭"的武器。它是在箭头上附着像油脂、松香、硫黄之类的易燃物,点燃后射出。但是这种火箭燃烧慢、火力小,容易扑灭。后来在唐末宋初时,人们逐渐掌握了火药的使用方法。有人把火药附在箭头上,做成"火药箭"。之后,火炮、火球等武器随之产生。火药武器的出现,反过来推动了火药的研究。

第一次完整地刊载火药配方和制造工艺的典籍是《武经总要》。《武经总要》是宋代曾公亮等奉宋仁宗之命撰写的,1044年成书,共用了4年时间。全书40卷,在第11、12卷中,刊载了引火球、毒药烟球、蒺藜火球三种火药配方。这三种火药配方的主要原料硝、硫黄、炭的重量及其组配比率是:引火球:硝40两,硫黄21两,炭18.2两;蒺藜火球:硝40两,硫黄20两,炭20两;毒药火球:硝30两,硫黄15两,炭15.7两。从这三种火药配方来看,它们同近代黑火药已相距不远。近代黑火药硝占75%,可以作为发射火药用来制造枪弹、炮弹。三种火药配方中,硝占50%,因此还不能作为发射火药用,但它们已具有爆破、燃烧、烟幕等作用。

中国是最早发明火药的国家。在唐代,我国和波斯、印度、阿拉伯等一些国家,贸易往来频繁。硝随同医药和炼丹术由我国传出。但他们只知道用硝来炼金、治病,并不会制造火药。直到 1225～1248 年间,火药才由商人经印度传入阿拉伯国家。欧洲人在和阿拉伯的战争中,接触和学会了制造火药。英、法各国直到 14 世纪中期,才有应用火药和火器的记载,至少要比我国晚 3 个世纪!

火箭——中国制造

地球上的人类不再像祖先那样对奥妙的天宇充满疑问,而是开始了航空航天的伟大创举。随着人造卫星的成功发射,载人航天飞机将人类带到了神秘莫测的外层空间。更让人激动的是,宇航员带着地球人的期盼,走出了宇宙飞船,潇洒地在太空漫步。最让人难忘的是,人类骄傲地登上了月球,将人的足迹留在了那皎洁宁静的月亮上。

这一切的成就都离不开火箭的运送。火箭的发明和改进,是人类空间技术史上的一件大事,它使人类挣脱地球引力,将目光投注到茫茫太空,迎来了登陆太空时代。

可是你知道吗,将宇宙飞船送上天的火箭,是中国古代继火药之后的另一项发明。

我国最初发明的用火药做的火箭,是靠人力用弓发射出去的。从字面意义上说,这是真正的火"箭"。

后来,人们又发明了直接利用火药的力量来推进的火箭。这种火箭的构造,和现代火箭的"点火"原理相同,箭上有一个纸筒,里面装满火药,纸筒的尾部有一根引火线。引火线点着以后,火药就燃烧起来,形成一股猛烈的气流从尾部喷射出去,利用喷射气流的反作用力,火箭就能飞快地前进。

这种和现代火箭原理相似的、由火药喷射推进的火箭,在宋朝时候就已经发明了。

到了明朝的时候，有人为了使火箭发挥更大的威力，把几十支火箭装在一个大筒里，把各支火箭的药线都连到一根总线上。点火的时候，先把总线点着，传到各支火箭上，就能使几十支火箭一齐发射出去，威力很大。

值得一提的是，在明朝初年，有人根据火箭和风筝的原理，制造出"震天雷炮"和"神火飞鸦"，这是现代导弹的雏形。

装有翅膀的"震天雷炮"，在攻城的时候，威力无比。只要顺风点着引火线，"震天雷炮"就会一直飞入城内，等引火线烧完，火药就会爆炸。

"神火飞鸦"模型

而"神火飞鸦"是用竹篾扎成的"乌鸦"，它的内部装满火药，发射以后，能飞三四百米才落地。就在这时候，装在"乌鸦"背上跟点火装置相连的药线也被点燃，引起"乌鸦"内部的火药爆炸，一时烈火熊熊，在陆地上可以烧敌人的军营，在水面上可以烧敌人的船只。

更难能可贵的是，由于火药使用技术的不断进步，我们的祖先还发明了原始的两级火箭和可回收式火箭。

据明朝茅元仪《武备志》记载，当时有一种名叫"火龙出水"的火箭。用一根1.7米左右长的大竹筒，做成一条龙，龙身上前后各扎两级大火箭，第一级火箭用来推动龙身飞行。在龙腹里，也装几支火箭，这是第二级火箭。发射时，先点燃第一级火箭，飞到两三里远，引火线又烧着了装在龙腹里的第二级火箭，它们就从龙口中直飞出去，焚烧敌人。

可回收式火箭是明代水平最高、发射最准的火箭，它发射出去后还能再飞回来。这种火箭又叫作"飞空砂筒"。设计时，把装上炸药和细砂的小筒子,连在竹竿的一端;同时,再将两个"点火"装置一正一反地绑在竹竿上。点燃正向绑着的"点火"装置,整个火箭就会飞走,运行到敌人的上空时,引火线点着炸药,小筒子就下落爆炸;同时,反向绑着的"点火"装置也同时启动,使火箭飞回原来的地方。

明代的多级火箭——火龙出水

现代的火箭发射技术大都采用多级点火装置,这无疑得益于中国古人的启发。而现代的可回收式卫星的发射与降落,其最初的思想也来自于能飞去飞来的"飞空砂筒"的设计。

可以毫不夸张地说,中国人是挑战太空的先驱。我们的祖先在火箭发射方面的卓越成就,在一定的意义上,给当代航天技术以启迪。

从指南车到指南针

指南针是我国历史上的伟大发明之一,是我国对世界文明发展的一项重大贡献。

很早以前,我们的祖先为了在战争中辨别方向,曾研究、制造出指南车。传说4000多年前,黄帝和蚩尤作战,蚩尤为使自己的军队不被打败,便做雾气,使黄帝的军队迷失了方向。后来,黄帝制造了指南车辨别了方向,终于打败了蚩尤。

东汉时期,张衡就曾利用纯机械的结构,创造了指南车,可惜后来张衡造指南车的方法失传了。到了三国时期,机械制造家马钧在没有资料、没有模型的情况下,经过刻苦钻研,反复实验,运用差动齿轮的构造原理,制成了指南车。这种指南车,在战火纷飞、硝烟弥漫的战场上,不管战车如何翻动,车上木人的手指始终指南。

北宋中期的燕肃,不但制作指南车,还写了一个呈文,详细介绍了指南车的形状、内部结构等。这个指南车是用四匹马拉动的双轮车,车上有一个长方形车厢,车厢外面装饰着形象生动的雕刻和色彩鲜明的绘图。车厢里是大小齿轮,有互相联动的装置。车厢上有一根立杆和车厢里的齿轮装置衔接,杆上有一个木偶。木偶一手平举指示方向。车子在前进的时候,不管怎样转弯,站在车上的木偶的手臂始终指向南方。

指南车制作方法复杂,用处不大。人们发现磁石的特性后,发明了"司南"。这是指南针的雏形。我国早在战国时期,就有关于"司南"的记载。《韩非子·有度篇》载道:"先王立司南以端朝夕。"这里的司南大概是用天然磁石制成的,样子像勺,圆底,置于平滑的刻有方位的"地盘"上,使之旋转,停止时勺柄自然

司南——世界上最早的指南针

指南。但是由于天然磁石容易因打击、受热而失去磁性。所以司南的磁性较弱,而且它与地盘接触处转动摩擦的阻力又较大,难以达到预期的指南效果,因此没能推广应用。

从司南到指南针,经历了一个漫长的演进过程。11世纪,有人发现用一块铁在天然磁石上摩擦后,也可以生磁,而且比较稳定,于是便制作了人造磁铁。后来,有人用人造磁铁制造出"指南鱼"。这种"指南鱼"是一种把人造磁铁做成鱼形,放在水面指示方向的指南针。宋代科学家沈括在《梦溪笔谈》中记载说:"方家以磁石磨针锋,则能指南,然常微偏东,不全南也。水浮多荡摇。指瓜及碗唇上皆可为之,运转尤速,但坚滑易坠,不若缕悬为最善。其法取新纩中独茧缕,以芥子许蜡,缀于针腰,无风处悬之,则针常指南。其中有磨而指北者。予家指南、北者皆有之。"这里详细记述了水浮、置指甲上、置碗唇上和悬丝等四种指南针的装置

方法,以及各种方法的长处和缺陷。沈括还记载了磁针有指南的,也有指北的。从《梦溪笔谈》的记载来看,可以确定在 11 世纪时指南针已是常用的定向仪器,有多种装置方法,并已由指南针发现了地球的偏磁角。

精致指南针

指南针的发明,促进了航海事业的发展。在指南针用于航海之前,航海者利用日月星辰来判定方向。如果遇到阴雨天,看不见日月星辰,就辨别不了方向。指南针的出现弥补了天文导航的致命缺陷,发挥了巨大的作用。我国南宋和元代航海事业的高度发展,明初郑和下西洋的空前壮举,都是与指南针的应用分不开的。

指南针大约是在 12 世纪下半叶由海道传入阿拉伯,再传入欧洲的。也有可能由陆路经西亚境内传入西欧。欧洲对指南针进行了改进,发明了有固定支点的旱罗盘。指南针的发明和应用,使人类可以自由地在远洋中航行,促进了世界各国人民之间的文化交流和贸易往来。

中国瓷器走向世界

瓷器是中国古代劳动人民的一项伟大发明。中国的瓷器光彩夺目,品种繁多,制作精美,从古至今名扬世界,受到各国人民的喜爱和珍视。

中国瓷器历史悠久,早在原始社会人们就发明了陶器。制作陶器首先要用粘土捏成坯,用器物把表面打磨光滑,或者在陶坯上画出黑色或彩色花纹,然后放在窑里烧成陶器。陶器是我国新石器时代遗址中最常见的遗物。那时制陶工艺已达到相当成熟的阶段。人们在制陶过程中不断总结实践经验,例如陶窑结构的完善和掌握烧制过程的温度等。这些技术为我国以后瓷器的出现奠定了基础。

　　商代的制陶业已初具规模，能生产出釉陶和白陶。白陶和原始瓷器一样，用高岭土作坯胎，烧成温度达 1000℃ 以上，陶质较坚硬。人们发现了瓷土，创造了高温窑使原始青瓷器脱胎而出。在商代和西周遗址中出土了很多"青釉器"。它们胎质一般较陶器细腻、坚硬，烧成温度一般高达 1000℃～1200℃，胎质基本烧结，吸水性较弱，器表施有一层石灰釉。这些特征基本上与瓷器所应具备的条件接近。但制胎原料不够精细，烧成温度还略低些，说明当时制瓷技术尚不够成熟。总之，商、周时候的"青釉器"可以认为是瓷而不是陶，它有一定的原始性和过渡性，因此称它为"原始瓷"。我国瓷器的发明就是从商代开始的，经过不断变化，逐渐发展成熟。

　　烧制青瓷的技术到东汉后期基本成熟，南北朝时期进入更成熟阶段。许多青瓷窑址的发现，说明当时已大量生产青瓷器。瓷器的颜色主要是由釉中所含铁元素含量决定的。青瓷是用还原焰使之产生氧化亚铁而成。瓷土中氧化亚铁的含量在 $0.8\%～5\%$ 之间，绿色由淡至浓。含铁量太大，超过 5%，则因还原困难而存在四氧化三铁，颜色就成暗褐色甚至黑色，所以掌握氧化亚铁的含量是烧制青瓷的关键。白瓷的烧制在南北朝时期开始，它的呈色剂是氧化钙，要求铁的含量越少越好，否则会影响白瓷的白度。因此，白瓷的烧制证明了瓷土筛选技术的提高。

　　青瓷和白瓷的烧制在唐代已具有较高水平，当时青瓷有"雨过天青"的美誉，被称赞为"青如天，明如镜，薄如纸，声如磬"。白瓷有"类雪"之誉。杜甫有诗称赞四川大邑瓷碗："大邑烧瓷轻且坚，扣如哀玉锦城传。君家白碗胜霜雪，急送茅斋也可怜。"可见唐代瓷器已相当精美。

　　宋、元时期制瓷技术纯熟，达到了更高的水平。青瓷到宋代已达到炉火纯青的地步，成为青瓷发展的高峰。白瓷也得到高度发展。元代在宋代白瓷基础上，逐步向彩瓷过渡。宋代瓷器业相当普及，形成了有影

唐代青瓷点彩双系小罐

宋代景德镇窑青白瓷盘龙瓶

宋代景德镇窑青白釉马

宋代龙泉窑龙虎瓶

响的八大窑系,即北方的定窑、磁州窑、均窑、耀窑;南方的景德镇窑、越窑、龙泉窑和建窑。它们各具特色,彼此辉映,构成了瓷器工艺技术繁花似锦的绚丽图景。

定窑瓷器胎细、质薄而有光,瓷色滋润。南方景德镇影青瓷,瓷胎白度和透光度已接近现代水平。磁州窑以磁石泥为坯,多生产白瓷黑花,或作划花、凸花等瓷器，别具一格。均窑烧造彩色瓷器较多，以胭脂最好，还有葱翠或墨色。耀州窑产品精美，胎骨很薄，而釉层匀净，器壁内外布满花纹，表现出很高的技术水平。越窑生产历史悠久，产品形态美观、品种繁多、纹饰秀丽，釉色有黄鳝青、黄鳝黄、青绿三大类。越窑在唐代声誉最著，到宋代逐渐衰落，落后于龙泉窑。龙泉青瓷釉色美丽光亮，晶莹如玉，工艺精湛，具有民族传统和地方特色。建窑多紫黑色胎，胎很厚，黑釉光亮如漆，有的还有土黄色毫纹和银色斑点。宋代除八大名窑外，还有很多著名瓷窑，如汝窑、官窑等。

从宋、元名窑的瓷器可以看到，当时的瓷器无论在胎质、釉料，还是在制作工艺上，都有了新的提高。宋、元瓷器制造技术上的成就，使它在我国瓷器发展史上形成了一种特殊地位，从而成为我国瓷器发展过程中的一个重要阶段。

元代龙泉窑点彩香炉　　　　　元代青花云龙梅月纹玉壶春瓶

中国瓷器很早就传至海外，全世界的制瓷技术都是从中国传入的，所以直到现在许多国家还把瓷器称为"中国"。我国古代陶瓷的输出主要经由两条路线：一条是陆路，沿丝绸之路，从西安到波斯；另一条是海路，从广州经波斯湾远达非洲。早在隋、唐时期，中国瓷器就开始流传到国外。此后历代都将它作为重要的商品行销世界。现代考古发掘已经证实，在伊朗、埃及、印度、摩洛哥、埃塞俄比亚等国，都发现了大批唐、宋、元、明历代中国瓷器残片。中国制瓷技术在唐宋时期首先传入朝鲜、日本、越南、泰国等邻近国家。大约在18世纪中叶,制瓷技术传遍了欧洲大陆,推动了欧洲制瓷技术的发展。

奇巧瑰丽的唐三彩

唐三彩是唐代三彩陶器的简称。所谓"三彩",是因为在陶器的釉色装饰上多以黄、绿、褐三种颜色为主而得名。但实际上并不仅限于这三种颜色,釉色还有白、蓝、赭、茄紫等多种,即使黄、绿,也有深、浅之不同。名称上也不仅限于"唐三彩",如以蓝色釉为主的称之为"蓝三彩",因其稀少,尤为珍贵。

唐三彩类瓷是一种低温釉陶器,与瓷器有本质的区别。唐三彩一般精选高岭土、巩县土和黏土做坯体。坯体一般是用手捏塑和模制的方法制成。坯体制成后阴干,再送入窑炉烧成陶胎,火温要达到1100℃左右。陶胎冷却后再施以釉彩。釉彩中须加入一定比例的铅,作为助熔剂,以使釉的熔点降低,然后将挂好彩釉的陶胎,再次放入窑内,焙烧到900℃左右,在焙烧的过程中,胎体表面釉料受热熔化,自然地向四周流动扩散,致使各种釉色相互浸润交融。这样,再次烧成后的陶器,便呈现出斑斓绚丽而又自然天成的奇异釉色。又由于铅的作用,釉面还显出明亮夺目的光泽。唐三彩用于随葬,作为明器,因为它的胎质松脆,防水性能差,实用性远不如当时已出现的青瓷和白瓷。

唐三彩的生产以巩义黄冶窑为时间最早、持续时间最长、面积最大、产品数量最多,它的发掘不仅为研究唐三彩的生产过程及制作工艺提供了珍贵的实物资料,同时也为研究唐代的社会政治、经济、文化等提供了丰富的资料。

按照《孟津县志》载,唐三彩最早出现是在清光绪六年(1880)。当时,在洛阳汉魏故城北部邙山上,因为古墓塌陷,出土了一些人、马、骆驼等不同造型的单彩和多彩釉陶器,但人们并没有注意这些破碎了的瓷器，更没有人在意这些尘封了的美丽，他们随随便便就把这些陶器处理了。

清光绪二十五年（1899），勘探陇海铁路时，人们又发现许多姿态各异、色彩斑斓的釉陶随葬器物，同时也因工程而毁坏了一批唐代墓葬，这时候出土的常见唐三彩陶器有三彩马、骆驼、仕女、乐伎俑、枕头等。尤其是三彩骆驼，背载丝绸或驮着乐队，仰首嘶鸣，那赤髯碧眼的骆俑，身穿窄袖衫，头戴翻檐帽，再现了中亚胡人的生活形象，使人遥想起当年"丝绸之路"上驼铃叮当的情景。

唐代是我国封建社会的鼎盛时期，因此唐三彩从另外一个侧面也反映了唐王朝的政治、文化、生活，它跟唐代诗歌、绘画、建筑等其他文化一样，共同组成了唐王朝文化的旋律，但是它又不同于其他的文化艺术，陶瓷史上认为，唐三彩在唐代陶瓷史上是一个划时代的里程碑，因为在唐以前，多只有单色釉，最多就是两色釉的并用，在我国的汉代，已经有了两色，就是黄色和绿色的两种釉彩在同一器物上的使用。到了唐代以后，多彩的釉色在陶瓷器物上同时得到了运用。有人考证，这和唐代审美观点的变化有很大关系。在唐以前人们崇尚的是素色主义，到唐代以后，包容了外来的多种文化，这个时期不论是绘画还是陶瓷，以及金银器的制作，都形成了一个灿烂的文化时代。

唐三彩在唐代的兴起首先是缘于陶瓷业的飞速发展，以及雕塑、建筑艺术水平的不断提高；其次是随着当时王公贵族官员生活的腐化，厚葬之风日盛。唐三彩当时作为一种明器，被列入官府的规定之列，就连民间的陪葬品中也有唐三彩。

唐三彩的一个显著特点是造型丰富多彩，从考古发现看，大体可分为人物、动物、器具和建筑模型4种。人物俑包括男俑、女俑、文官俑、武士俑、骑马俑、牵马俑、驭驼俑、天王俑、乐舞俑等；动物俑包括马、牛、驼、猪、羊、狗、鸡、鸭、鸟等；建筑模型有房屋、亭阁、假山、水池、兵器架、马车、牛车等。日常生活用具更是应有尽有。

从艺术造型上看，唐三彩有较强的表现力和写实性，尤其是人和动物造型，比例适度，形态自然，线条流畅，生动活泼。在人物俑中，武士肌肉发达，怒目圆睁，剑拔弩张；女俑则高髻广袖，亭亭玉立，悠然娴雅，十分丰满。马的造型比较肥硕，颈部比较宽，以静为主，但是静中带动。通过马的眼部的刻画，来显示唐马的内在精神和内在韵律。

唐三彩的装饰纹样也丰富多彩，内容有人物鸟兽，花草蔓枝等。在雕塑技巧上，也手法多样，有划花、刻花、堆雕、捏雕、浮雕等。由于运用适当，更增加了器物的艺术感染力。

唐三彩不仅是蜚声中外的艺术品，而且是用于殉葬的明器。此外，三彩器由于典雅别致，当时富贵人家也把它陈设在厅堂之中，作为观赏摆设。三彩器也为来唐的外国人所喜爱。朝廷曾征调

唐三彩马

大量精品享用，或赠送友邦。现在在朝鲜、日本、印度尼西亚、伊拉克、埃及等许多国家都发现了唐三彩遗物，这是我国与世界各国人民友好往来的历史见证。

唐三彩创始于唐初，由唐高宗至唐玄宗天宝年间进入极盛时期，安史之乱以后，日渐衰落。唐以后虽然仍生产三彩陶器，有所谓"辽三彩"、"金三彩"等，但在数量、质量、釉色、造型艺术等各方面，都不能与唐三彩相提并论，以后三彩器几乎失传。今天，经陶瓷专家的多年潜心研究，这一古老的工艺又焕发了新的色彩，制品已达数百种，远销世界很多地区。随着我国经济文化的发展，唐三彩必将更加丰富多彩，光辉灿烂。

坦奈堡古城废墟的火枪

在很久很久以前,德国的黑森州境内,有座名叫坦奈堡的古城。城堡一向以独有的古朴和雄浑闻名遐迩。然而一场无情的战争却打破了小城的宁静,城堡一夜之间被焚为废墟,从此,坦奈堡的名字在德国的版图上消失了……

事隔400多年之后,几位考古学者循着历史的足迹,重新踏入了坦奈堡的土地。在这片废墟的遗址中,他们意外地发现了一只铜制的手持枪。经过研究和考察,科学家们认定这只手持枪是对14世纪中期中国元、明铜火铳的仿制和改进。由此,他们向世人宣布了一个毋庸置疑的历史事实:欧洲的金属管形射击火器的制作技术,是由中国传入的。后来,这只出土的手持枪被命名为坦奈堡手持枪,至今仍保存在纽伦堡的日耳曼国家博物馆中。

远在唐末宋初,继火箭类和火球类火器被用于战争之后,随着火药性能的日益改善,火器研制水平的不断发展,战争的迫切需要,新式的、更高级的管形射击火器,便应运而生了。

世界上最早的管形火器出现在公元1132年。当时对军事技术颇有研究的陈规在守卫德安(今湖北安陆)时,首次使用了以火炮药制造的"长竹竿枪"。使用这种武器时,需由两名士兵共同操作,一人持枪,一人点燃枪中火药,用枪管中喷出的火焰烧灼敌人,杀伤力很强。长竹竿枪出现以后,仿效者纷纷出现,于是一批更新式的管形火器相继问世。其中较有代表性的是金军使用的飞火枪。这种飞火枪的枪筒,由十八层敕黄纸卷成,长2尺多,筒内装有火药及铁滓末,用绳缚系在枪端,持枪的士兵带有铁火罐,里面藏有火源。作战时,点燃枪筒内的火药后,枪筒中便喷出十多丈的火焰,使敌人触火身亡。金军在1233年使用这种火枪夜袭蒙军军营,结果蒙军不战而溃。飞火枪在战斗中显示了无比的威力。

竹火枪和飞火枪虽然杀伤力很强,但两者只是以利用火药的燃烧性能为主的初级管形火器,真正的管形射击火器的正式诞生,是1259年安徽省寿县制成的突火枪。这种火枪是用巨竹做枪筒,筒内安放火药及原始的子弹——子窠。这种子窠由筒内的火药燃烧后产生的气体推力射出,击杀敌军人马,同时发出巨大的声响。这是射击原理的最初应用。

竹筒和纸筒火枪经过一段时间的使用以后,容易被烧蚀、焚毁和爆裂,同时也承受不了由于火药性能的改良和装药量的增加而增大的压强,所以不久就被能够承受更大压强的、经久耐用的金属火铳所取代。

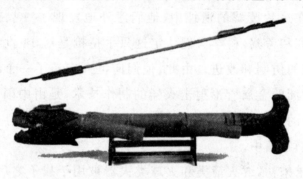

火铳与火毬

金属火铳是何时制作并投入作战的呢?我国的学者经过研究认为,蒙古人在灭宋建元后不久,便在继承金人、宋人制作竹筒、纸筒火枪的基础上,制成了金属火铳,并将它应用于对内、对外的战争中。明朝建立以后,金属火铳的制造和应用得到了进一步的发展,不但用于陆战,而且用于水战。又因作战的需要,火铳逐渐向大重型和轻小型两个方向发展。大重型火铳的铳膛大,装药多,威力大,用于野战和攻守城池;轻小型火铳的铳膛小,装药少,重量轻,又可安木柄,用以装备步兵作战。这两类火铳的不断改进和发展,就形成了后世的火炮和步枪两类火器。

自13世纪后期至14世纪初,元军在同阿拉伯人作战时,将各种火枪带到了战场,阿拉伯人得到后即进行仿制和改进,制成了阿拉伯式的管形射击火器——"马达法"。关于"马达法"的构造和功用,德国的哥尔克在《火器史》中说,14世纪时,阿拉伯人使用了与中国人同样的火器——

"马达法"。日本火炮史学者有马成甫考证得更具体,他说"马达法"有一根长木柄,插在一个木管上,木管中装有粉状火药,木管后部有一个小孔,用以插导火线点火,口部有一个球状发射物。它同宋人的突火枪属同一类型,只是不用竹管而用木管。由此可见,阿拉伯的管形火器是由中国传入的,这是毋庸置疑的事实。

同样,阿拉伯人在14世纪同欧洲人作战时,也将自己的"马达法"传到了欧洲。经过仿制和改造,到了14世纪中叶,欧洲的一些国家也相继制成了欧洲管形射击火器——手持枪。在1343年的意大利尼里壁画中,就画有军人手持"马达法"式管形射击火器作战的情形。

中国发明的管形射击火器传入欧洲后,促进了欧洲管形射击火器的飞速发展:一方面使携带式轻型火器,从手持枪经过火绳枪、击发枪、针击枪的各个历史发展阶段,出现了近现代的各种军用步枪;另一方面,又使重型火器经过各个历史发展阶段,出现了近现代的各种火炮。

世界上最早的纸币——交子

纸币是当今世界各国普遍使用的货币形式,而世界上最早出现的纸币,是中国北宋时期四川地区的"交子"。而欧洲最早的纸币,是受中国影响在1661年由瑞典发行的,比美国、法国等西方国家发行纸币要早六七百年。

中国是世界上使用货币较早的国家。根据文献记载和大量的出土文物考证,我国货币的起源至少已有4000年的历史,从原始贝币到布币、刀币、圆钱、蚁鼻钱以及秦始皇统一中国之后流行的方孔钱,中国货币文化的发展可谓源远流长。到北宋时期,我国出现了纸币——交子。

纸币的出现是货币史上的一大进步。钱币界有人认为中国纸币的起源要追溯到汉武帝时的"白鹿皮币"和唐宪宗时的"飞钱"。汉武帝在铸行"三铢钱"和"白金币"(用银和锡铸成的合金币)的同时,又发行了"白鹿皮币"。所谓"白鹿皮币",是用宫苑的白鹿皮作为币材,由于其价值远远脱离皮币的自身价值,因此"白鹿皮币"只是作为王侯之间贡赠之用,因此还不是真正意义上的纸币,只能说是纸币的先驱。"飞钱"出现于唐代中期,当时商人外出经商带上大量铜钱有诸多不便,便先到官方开具一张凭证,上面记载着地方和钱币的数目,之后持凭证去异地提款购货。此凭证即"飞钱"。"飞钱"实质上只是一种汇兑业务,它本身不介入流通,不行使货币的职能,因此也不是真正意义上的纸币。北宋时期四川成都的"交子"则是真正的纸币。

纸币出现在北宋并不是偶然的,它是社会政治、经济发展的必然产物。宋代商品经济发展较快,商品流通中需要更多的货币,而当时铜钱短缺,满足不了流通中的需要量。当时的四川地区通行铁钱,铁钱值低量重,使用极为不便。每千铁钱的重量,大钱25斤,中钱13斤。买一匹布需铁钱两万,重约500斤,要用车载。因此客观上需要轻便的货币,这也是纸币最早出现于四川的主要原因。再者,北宋虽然是一个高度集权的封建专制国家,但全国货币并不统一,存在着几个货币区,彼此间互不通用。当时有13路(宋代的行政单位)专用铜钱,4路专用铁钱,陕西、河东则铜铁钱兼用。各个货币区又严禁货币外流,使用纸币可防止铜铁钱外流。此外,宋朝政府经常受辽、夏、金的攻打,军费和赔款开支很大,也需要发行纸币来弥补财政赤字。而宋代商业的发达和雕版印刷术的发展,也为创制交子准备了良好的条件。种种原因促成了纸币——交子的产生。

最初的交子由商人自由发行。北宋初年,四川成都出现了专为携带巨款的商人经营现钱保管业务的"子子铺户"。存款人把现金交付给铺户,铺户把存款人存放现金的数额临时填写在用楮纸制作的卷面上,再交还存款人,当存款人提取现金时,每贯付给铺户30文钱的利息,即付3%的保管费。这种临时填写存款金额的楮纸券便称为交子。

随着商品经济的发展，交子的使用也越来越广泛，许多商人联合成立专营发行和兑换交子的交子铺，并在各地设交子分铺。由于交子铺户恪守信用，随到随取，所印交子图案讲究，隐做记号，黑红间错，亲笔押字，他人难以伪造，所以交子赢得了很高的信誉。商人之间的大额交易，为了避免铸币搬运的麻烦，直接用随时可变成现钱的交子来支付货款的事例也日渐增多。正是在反复进行的流通过程中，交子逐渐具备了信用货币的品格。后来交子铺户在经营中发现，只动用部分存款，并不会危及交子信誉。于是他们便开始印刷有统一面额和格式的交子，作为一种新的流通手段向市场发行。这种交子已经是铸币的符号，真正成了纸币。但此时的交子尚未取得政府认可，还是民间发行的"私交"。

但并非所有的交子铺户都是守法经营，恪守信用的。有一些唯利是图、贪得无厌的铺户，恶意欺诈，在滥发交子之后闭门不出，停止营业；或者挪用存款，经营他项买卖失败而破产，使所发交子无法兑现。这样，当存款者取钱而不能及时，便往往激起事端，引发诉讼。于是，景德年间（1004～1007），益州知州张泳对交子铺户进行整顿，剔除不法之徒，专由十六户富商经营。至此交子的发行得到政府认可。

宋仁宗天圣元年（1023），政府设益州交子务，由京官1～2人担任监官主持交子发行。这便是我国最早由政府正式发行的纸币——官交子。

官交子发行初期，其形制是仿照民间私交子，加盖本州州印，只是临时填写的金额文字不同，一般是一贯至十贯，并规定了流通的范围。宋仁宗时，一律改为五贯和十贯两种。到宋神宗时，又改为一贯和五百文两种。官交子制度的主要内容如下：1.发行限额：每界发行1256340缗；2.流通期限：3年1界（实足2年），界满持旧换新；3.发行准备金，即"本钱"：大凡每造1界，应备本钱36万缗（以四川的铁钱为钞本）铁钱，准备金相当于发行量的28％；4.交子的行使限于四川，兑现或持旧换新，每贯须缴工墨费30文。交子的流通范围也基本上限于四川境内,后来虽在陕西、河东有所流通,但不久就废止了。

宋徽宗大观元年(1107),宋朝政府改交子为钱引,改交子务为钱引务。除四川、福建、浙江、湖广等地仍沿用交子外,其他均改用钱引。后四川也于大观三年(1109)改交子为钱引。钱引与交子的最大区别,是钱引以"缗"为单位,其纸张、印刷、图画和印鉴都很精良。但钱引不置钞本,不许兑换,随意增发,因此纸券价值大跌,到南宋嘉定时期,每缗只值现钱一百文。

官交子制度的最初实行并不是为了搜刮钱财,而是适应社会经济发展的需要,适应商业及民间周转支付所需,这对经济发展和人民生活的安定,是起了积极作用的。但是后来,宋朝政府却利用它来弥补财政支出了。

宋代纸币无实物存世。有一块流入日本的印钞铜版,约为北宋实物,目前对它的定名尚不一致,或称交子,或称钱引,或称小钞,或称盐引。南宋的会子也只留下一块印钞铜版,以上两块铜版,有人认为所印之物具有纸币性质,也有人认为真伪难定。

交子的出现,便利了商业往来,弥补了现钱的不足,是我国货币史上的一个飞跃。此外,交子作为我国乃至世界上发行最早的纸币,在印刷史、版画史上也占有重要的地位,对研究我国古代纸币印刷技术有着重要意义。

天学地学

饮誉中外的数学名著

中国古代数学成就辉煌,直到明中叶以前,在数学的许多分支领域里,中国一直处于遥遥领先的地位。中国古代的许多数学家,曾经写下不少著名的数学著作。我国现有传本最古老的数学著作是《九章算术》。

《九章算术》是公元前后的作品,到现在已有 2000 年左右的历史了。它的出现,标志着我国古代以算筹为计算工具,具有自己独特风格的数学体系的形成,对后世历代数学的发展影响很大。《九章算术》的作者,还有待查考,目前只知道西汉早期的著名数学家张苍、耿寿昌等人,都曾经对它进行过增订删补,可以说它是由很多人的修改和补充而逐渐发展完备起来的。

《九章算术》全书内容共分九章,共搜集了 246 个数学问题,连同每个问题的解法,分为九大类,每类列为一章。

第一章,方田,计 38 题,是关于田亩面积的计算。包括正方形、矩形、三角形、梯形、圆形、环形、弓形、截球体的表面积的计算。在这一章中,还有关于分数的系统叙述,并给出约分、通分、四则运算、求最大公约数等运算法则。

第二章,粟米,计 46 题,讲的是比例问题,涉及按比例互相交换各种谷物问题。

《九章算术》宋刻本

第三章,衰分,是依等级分配物资或按等级摊派税收的比例分配问题。

第四章,少广,计24题,是由已知面积和体积,反求一边之长,讲的是开平方和开立方的方法。值得指出的是,用算筹列出几层来进行开平方和开立方的运算,相当于列出一个二次或三次的数学方程,把筹算的位置制发展到新的阶段,即用上下不同的各层表示一个方程的各次项的系数。在此基础上,后来逐渐发展成为具有世界意义的数字高次方程的解法。

第五章,商功,计28题,是有关各种工程即关于各种体积的计算。此外,还有按季节不同、劳力情况不同、土质不同来计算巨大的工程所需土方和人工安排的问题等。

第六章,均输,计28题,是计算如何按人口多少、物价高低、路途远近等条件,合理摊派税收和派出民工等问题,还包括复比例、连比例等比较复杂的比例配分问题。

第七章,盈不足,计20题,其中大多数是对如下一类题目的求解方法:"有若干人共买东西,每人出八就多三,每人出七就少四,问人数和物价各多少?"因为这类问题都有两次假设,所以在其他国家的一些中世纪数学著作中称之为"双设法"。这种方法可用来解决各种问题。

第八章,方程,计18题,都是一次联立方程问题,解法和现在一般中学代数课本中的"加减消元法"基本相同。当时,是用算筹摆出方程的各系数。一个方程摆一个竖行,方程组中有几个方程就摆出几行,这也可说是筹算位置制的又一新发展。本章还引入了负数,并且给出了正负数的加减运算法则。

第九章,勾股,计24题,本章内容大都是利用勾股定理测量计算"高、深、广、远"的问题。它表明当时测量数学的发达以及测绘地图的水平已达到相当的高度。

《九章算术》包括了初等数学中算术、代数、几何等大部分内容。它的特点是重视理论,但不脱离实际。它记载了当时世界上最先进的分数四则运算和比例运算。书中盈亏问题解法是一种创造,在世界数学史上占有重要地位。印度在三四世纪,有过与我国盈不足术完全一致的算法,在阿拉伯、中亚和中世纪的欧洲则流行"双设法"(有两次假设),可能是受到我国盈亏问题影响而发展起来的。书中的正负数概念与加减计算法则,也是世界首创,国外首先承认负数的是印度7世纪数学家婆罗门笈多,欧洲16世纪才承认负数。勾股章中国勾股定理解"葭生中央问题",与印度数学中著名的"莲花问题"相同,只有数据不同,其余完全相同,但印度却比中国晚了1000多年。

把《九章算术》和西方最早的数学专著《几何原本》相比较,发现《几何原本》以形式逻辑方法把全书贯串起来;而《九章算术》则以问题的性质编排。《几何原本》以几何为主,稍含算术;而《九章算术》则包括算术、代数、几何等广泛内容。《几何原本》更注意理论,而没有谈到实际应用问题;《九章算术》在注意理论的同时,更多地接触实际应用问题。两书各有优缺点,形成了东西方数学的不同风格。

《九章算术》诞生后,对后世产生巨大的影响,在中国1000多年间,一直作为主要的教科书,传授数学知识。16世纪以前的中国数学著作,成书方式都沿袭《九章算术》的体例。历代著名数学家都对它做过注释,在注释中不断引出新的数学概念和算法,推动了中国古代数学的发展。

《九章算术》流传到朝鲜、日本,也成为教科书。通过印度及伊斯兰国家辗转传入欧洲。盈亏问题传入阿拉伯国家被称为"契丹算法"(即中国算法)。该书现已有日、英、俄、德等译本,受到世界各国的重视。

超前1000年的圆周率

圆周率 π 是求圆周长、圆面积、球体积等类问题必须用到的数值。圆周率 π 可以表示成无限不循环小数 3.1415926535……近代数学已经证明,π 是一个不能用有限次加减乘除和开方各次方等代数运算出来的数,就是所谓的"超越数"。

　　中国是最早把圆周率精确到小数点后第七位的国家。在汉代之前,人们采用的圆周率是"周三径一",即 π＝3。这个数值非常粗略,计算结果误差很大。随着科学的发展,人们开始探索比较精确的圆周率。据史料记载,1 世纪初制造的圆柱形标准量器律嘉量斛所采用的圆周率是 3.1547。2 世纪初,东汉天文学家张衡在《灵宪》中取用 $\pi=\frac{730}{232}\approx3.1466$,又在球体积公式中取用 $\pi=\sqrt{10}\approx3.1622$。三国时吴人王蕃取 $\pi=\frac{142}{45}\approx$ 3.1556。这些 π 值都比"周三径一"精确度高,其中 $\pi=\sqrt{10}$ 还是世界上最早的记录。

　　魏晋时期的数学家刘徽,创立了割圆术,为计算圆周率和圆面积,建立了严密的方法,开创了我国圆周率研究的新纪元。他在总结过去数学运算中发现,"周三径一"不是圆周率值,实际上是圆内接正六边形周长和直径的比值。用这个数据计算面积的结果是圆内接正十二边形面积,而不是圆面积。经过深入研究,他发现当圆内接正多边形边数无限增加时,其周长愈益接近圆周长。在这一思想指导下,刘徽创立了割圆术。他从圆内接正六边形算起,边数逐步加倍,一直算得圆内接正 192 边形的面积,算得了 π 近似于 3.14 的数值。这个结果在当时世界上是先进的。刘徽的计算方法只用圆内接多边形面积而无须外切形面积,这比古希腊数学家阿基米德用圆内接和外切正多边形计算,在程序上要简便得多,可以收到事半功倍的效果。

　　在刘徽之后,南朝的数学家、天文学家、机械制造家祖冲之,把圆周率推算到更加精确的数值,取得了极其光辉的成就。

　　祖冲之祖籍河北,后迁居南方。祖、父皆学识渊博。祖冲之在家庭气氛熏陶下,从小勤奋好学,他广泛搜集、认真阅读前人关于天文、数学等方面的著作,从中吸收营养。他不盲目接受,而是坚持独立思考,用实际来考核验证。宋孝武帝时,他在专门研究学术的官署"华林学省"中工作,但他对做官兴趣不大,而在科学研究上兴趣浓厚,并取得了很高的成就。

464年,祖冲之35岁时,开始计算圆周率。他在刘徽的基础上,继续利用割圆术进行计算,这是一个非常繁杂的计算过程。当时的计算手段还是相当原始的,没有计算机,就连算盘也没有发明,祖冲之使用的运算工具是竹棍,即古人所说的"算筹"。这对祖冲之来说,所要付出的时间和劳动是难以想象的,但是他通过刻苦钻研,反复演算,终于得到了圆周率小数点后7位数(3.1415926与3.1415927之间)。这个数字在当时世界上是最先进的。大约在1000年以后,阿拉伯数学家阿尔·卡西在1427年写的《算术的钥匙》和法国数学家维叶特在1540~1603年才求出更精确的数值。

祖冲之还求出两个用分数表示的圆周率,写法简便,容易记忆。这就是密率355/113,约率22/7。密率的提出也是数学史上的卓越成就,国外一直到16世纪才由德国的渥脱等重新求得,比祖冲之晚了1000多年。因此,有些外国的数学家也把圆周率和密率称作祖率,其目的就是为了纪念祖冲之在数学上的伟大贡献。

祖冲之和圆周率,随着时间的推移变迁,就像鱼与水一样,已经是不可分割的一个整体,圆周率的计算仍然在继续,但是有了祖冲之的奠基,相信对圆周率的计算会更深入更精细。

电子时代算盘热

珠算是我国古老的数学计算方法。算盘作为数学计算的一种简便工具,受到人们的重视和欢迎。虽然,今天世界已进入电子时代,新的计算工具——电子计算器被广泛使用,但是算盘并没有被淘汰,而且在一些工业发达的国家还出现了"算盘热"。这是因为珠算能提高人的思维能力,增强脑力。再加上珠算盘具有构造简单、成本低、计算方便等优点,因而使珠算技术广为流传。

珠算这个名词最早出现在东汉《数术记遗》这本书中。书中记载:"珠算控带四时,经纬三才。"珠算术至迟在元末已经产生,到明代普遍推广。珠算是在筹算的基础上发展起来的。筹算是劳动人民创造的一种重要的计算方法,它完成于春秋战国时期。算筹的形状和大小最早见于《汉书·律历志》。据记载,算筹是直径1分、长6寸的圆形竹棍,以271根为一"握"。后来,为了缩小布算所占面积,算筹长度缩短。为了避免圆形算筹容易滚动,改成方形或扁形。算筹除竹筹外,还有木筹、铁筹、玉筹和牙筹,此外还备有盛装算筹的算袋和算子筒。筹算以算筹作工具,摆成纵式和横式两种形式,按照纵横相间的原则表示任何自然数,从而进行加、减、乘、除、开方以及其他的代数计算。筹算在我国古代大约用了2000年,发挥了重大作用。但它的缺点很多,首先在室外拿着一大把算筹进行计算很不方便,其次计算数字的位数越多,所需面积越大,受环境和条件的限制。此外,当计算速度加快时,容易摆不正而造成错误,因此筹算需要改革。经过唐、宋历时700多年的改革,珠算代替了筹算。

中国算盘

筹算数字中,上面一根筹当五,下面一根筹当一,算盘中的上一珠也是当五,下一珠也是当一。由于筹算在乘、除法中出现某位数字等于十或多于十的情形,所以算盘采用上二株下五株的形式。算盘发明之后,珠算术的四则方法逐渐代替了筹算的加、减、乘、除运算方法。珠算术的加、减口诀相当重要。在明代的珠算术中称加法口诀为"上法诀",如"一,上一;一,下五除四;一,退九进一十"等。称减法口诀为"退法诀",即"一,退一;一,退十还九;一,上四退五"等,非常简便。

中国珠算流传世界很多国家。外国的算盘虽然样式与我国的算盘不同,但大多数是由中国算盘变化而来的。明初,中国算盘已流传到日本。俄国算盘,相传是从中国经西伯利亚,由俄国历史上著名的商人、工业家斯特罗日涅夫带去的。19世纪20年代,算盘又从俄国传到西欧各国。东北亚、东南亚和中亚的很多国家及地区的算盘,也深受我国的影响。直至今天,珠算仍然是被广泛使用和较为方便的计算工具。

世界最早的敦煌星图

每当夜幕降临的时候,天空中就会闪烁着无数颗星星,每颗星星都有自己的位置。我们的祖先在以采集和渔猎为生的旧石器时期,就开始观测天象,对一些恒星进行研究和记载。星图就像地理学上的地图一样,是对恒星观测的一种形象记录,也是天文学上用来认星和指示星辰位置的一种重要工具。

我国古代绘制星图历史悠久,秦汉以前就开始对恒星进行科学记录。在三国、两晋、南北朝时期,出现了不少天象图经著作,有人绘制星图,其中以孙吴时陈卓星图最为著名。我国的星图起源于盖天说的演示仪器,这个仪器叫盖图。它有点类似今天天文教学用的活动星图。据公元前1世纪成书的《周髀算经》记载,盖图由两块丝绢构成,下面一块染成黄色,其上画出七个等间距的同心圆。圆心是天北极,最小的圆相当于今天所说的夏至圈,最大的是冬至圈,最中间的圆是天赤道,还有一个分别和冬、夏至圈相切的圆,那就是黄道。黄道附近画有二十八宿等星。上面的一块是半透明的青色丝绢,其上面一个表示人眼所见范围的圆圈,把它蒙在黄绢上,把黄绢绕天极逆时针方向转动,就可以反映出一天内和一年内所见星空的大概情况。盖图随着盖天说的衰落,到两汉以后逐渐消失,但它的底图作为星图却独立发展起来,成为一种天文学研究工具。这种圆形盖天式星图是我国古代星图的一种主要形式,它在汉代已初具规模。随着对星象日积月累的观察,人们对全天星象的认识不断发展,星图所记录的星辰数目也逐渐增多。

从《汉书·天文志》的记载可以知道,东汉初年的星图上记载的恒星有 118 组,每组一个名称,中间包含一颗或一颗以上的星,一共有 783 颗星。孙吴、两晋的太史令陈卓综合了前人的工作,把当时天文学界存在的石氏、甘氏、巫咸三家学派所命名的恒星,并同存异合画成一张全天星图。图中收有 283 组星,一共 1464 颗。

现存世界上最早、星数最多的星图,是在我国敦煌发现的绢质星图。它大约绘制于初唐时期,图上画有 1350 多颗星。它的画法是把北极周围紫微垣附近的星画圆图,而把其他的星按照太阳在 12 个月中的位置所在,沿着赤道均分成 12 块,每块用直角坐标式的横图方法画出来。敦煌星图在 1907 年被英国人斯坦因盗走,现存英国伦敦博物馆。

北宋时,在 1010～1106 年约百年之间,天文学家进行过 5 次大规模的恒星位置观测工作。1078～1085 年间的第四次观测结果被画成星图,1247 年前后,由王致远按黄裳原图刻石,这便是闻名世界的苏州石刻天文图。该图面积 8×2.5 尺,一共有 1430 多颗星。它以北极为中心,绘有 3 个同心圆,分别代表北极常显圈、南极恒隐圈和赤道,28 条辐射线表示 28 宿距度,还有黄道和银河。苏州石刻星图绘刻比较精确,所包含的星数比较全,它为我们提供了了解古代恒星知识的比较可靠的资料。

元代郭守敬等人在 1276 年进行了一次大规模的恒星位置测量工作,测量了前人未命名的恒星 1000 余颗,使记录的星数从 1464 颗增加到 2500 颗,并编制成了星表。可惜这份重要的科学成果没有流传下来。

总之,我国古代在对恒星观测、星图的绘制等方面做出了重大贡献,推动了世界天文学的发展。

《授时历》与二十四节气

历法，简单说来，就是人们为了社会生产实践的需要而创立的长时间的计时系统，具体地说，就是年、月、日、时的安排。

我国古代历法起源很早，大都使用传统的阴阳历。它所包含的内容不仅仅是年、月、日、时的安排，还包括五星位置的推算、日月食的预报、节气的安排等。我国最早的成文历法是春秋末年开始使用的古四分历法。它的回归年长度为 365.25 日，这是当时世界上所使用的最精密的数值，比真正的回归年长度只多 11 分钟。在欧洲，罗马人于公元前 43 年采用的儒略历用的也是这个数值，但要比我国约晚 500 年。四分历规定 19 年中置 7 个闰月，就是 19 个回归年正好有 235 个朔望月，那么一个朔望月等于 29.53085 日，也很精密。古代希腊人默冬在公元前 432 年才发现这个数字要比我国晚 100 年左右。古四分历法的出现，标志着我国历法已进入比较成熟的时期。

随着社会的进步和科学的发展，人们对历法提出了越来越精密的要求。四分历使用一段时间后，人们发现历法所推算的气朔逐渐落后于实际天象。为了避免这个差错，就需用新的历法纠正误差。要进一步提高历法的精度，必须从冬至时刻的测量方法上改进。南北朝的祖冲之，首先从观测技术上改进提高观测精度。由于冬至前后的影长变化不明显，给冬至时刻的准确测定带来困难。祖冲之采用了一个新办法，他不直接观测冬至那天日影的长度，而是观测冬至前后二十三四日的日影长度，再取它们的平均值，求出冬至发生的日期和时刻。由于离开冬至日远些，日影的变化就快些，所以用这种方法提高了冬至时刻的测定精度。祖冲之制定的大明历的岁实取 365.248 日，在当时是非常精密的数值。

我国古代最优秀的历法——《授时历》，是元代郭守敬等人编制的。郭守敬是一位博学多才的科学家，他创造了很多天文仪器，如简仪等，推动了天文学的发展。授时历采用的天文常数值都是比较准确的。它定回归年长度为 365.2425 日。这个数值与理论值差 26 秒。它的使用在世界历法史上还是第一次。与今天世界通用的格里历的所用值是一样的。授时历在日、月、五星运动的推算中有所谓"创法五事"：一是太阳运动方面，将太阳的周年运动用定气分段，使用招差术来推求每日任何时刻的太阳位置和运动；二是月亮运动方面，将一个近点月分成 336 段，用招差术来推求每日任何时刻的月亮位置和运动；三是在黄道度数和赤道度数的互相换算中使用了弧矢割圆术的方法；四是计算太阳的去极度和黄道上各点离赤道的距离和赤道上各点离黄道的距离等；五是计算白道和赤道的交点离春分点或秋分点的距离，以便使白道坐标和赤道坐标直接联系起来，从而提高计算月亮运动的准确性。招差法和弧矢割圆术的应用使《授时历》的计算精度，超出以往历法。

　　节气和置闰这两部分在我国古代历法中都占有非常重要的地位。由于回归年、朔望月和日之间都没有整数倍关系，必须设置闰月来调整。节气和闰月有联系，如果没有闰月，就没有使用节气的必要。正因为设置了闰月来调整寒暖，才有必要创立二十四节气，以便更精确地反映季节的变化。

　　十九年七闰的方法是在春秋时期发现的，二十四节气可能产生在战国末期。二十四节气是节气和中气的通称。从小寒起，每隔 30 日或黄经30 度有一节气，如小寒、立春、惊蛰等十二节气；从冬至起，每隔 30 多日或黄经 30 度有一中气，如冬至、大寒、雨水等十二中气。在二十四节气中，又以立春、春分、立夏、夏至、立秋、秋分、立冬、冬至八节最重要。它们之间各相隔大约 46 日。一年分四季，"立"表示四季中每个季节的开始，"分"、"至"表示正处在这个季节中间。

　　为了方便记忆，人们编出了二十四节气歌诀和七言诗，分别是：

二十四节气歌

　　　　春雨惊春清谷天，夏满芒夏暑相连，
　　　　秋处露秋寒霜降，冬雪雪冬小大寒。

二十四节气七言诗

地球绕着太阳转,绕完一圈是一年。一年分成十二月,二十四节紧相连。按照公历来推算,每月两气不改变。上半年是六、廿一,下半年逢八、廿三。这些就是交节日,有差不过一两天。

从二十四节气的命名可以看出,节气的划分充分考虑了季节、气候、物候等自然现象的变化。其中,立春、立夏、立秋、立冬、春分、秋分、夏至、冬至是用来反映季节的,将一年划分为春、夏、秋、冬四个季节。春

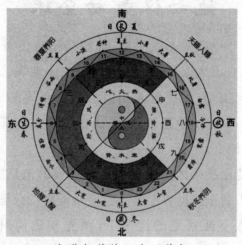

充满智慧的二十四节气

分、秋分、夏至、冬至是从天文角度来划分的,反映了太阳高度变化的转折点。而立春、立夏、立秋、立冬则反映了四季的开始。由于中国地域辽阔,具有非常明显的季风性和大陆性气候,各地天气气候差异巨大,因此不同地区的四季变化也有很大差异。小暑、大暑、处暑、小寒、大寒等五个节气反映气温的变化,用来表示一年中不同时期寒热程度;雨水、谷雨、小雪、大雪四个节气反映了降水现象,表明降雨、降雪的时间和强度;白露、寒露、霜降三个节气表面上反映的是水汽凝结、凝华现象,但实质上反映出了气温逐渐下降的过程和程度:气温下降到一定程度,水汽出现凝露现象;气温继续下降,不仅凝露增多,而且越来越凉;当温度降至零摄氏度以下,水汽凝华为霜。小满、芒种则反映有关作物的成熟和收

成情况；惊蛰、清明反映的是自然物候现象，尤其是惊蛰，它用天上初雷和地下蛰虫的复苏，来预示春天的回归。

节气是华夏祖先历经千百年的实践创造出来的宝贵科学遗产，是反映天气气候和物候变化、掌握农事季节的工具。农历节气准确地表示出一年中气温变化的关键日，为人们一年之中有规律的生活与农耕，提供了最好的依据。

地动仪轰动全球

在距今 1800 多年以前的东汉时期，都城洛阳有位著名的科学家叫张衡。一天，他告诉大家洛阳西边某地发生了地震。可是当时人们丝毫没有察觉到任何震动，因此没人相信张衡宣布的消息。几天之后，送信的使者骑着快马带来了消息，果然那天在甘肃东南部发生了地震。人们听后，无不感到惊奇。

是谁那样迅捷而准确地向张衡报告了地震的消息呢？不是别人，正是他在 132 年发明制作的世界上第一台测量地震的仪器——地动仪。因此，他能在一般人不能察觉的情况下，预先知道何时、何地会有地震发生。

我国是世界上地震比较多的国家。几千年来，我们的祖先顽强地同地震灾害进行斗争，积累了许多防震、抗震的经验和知识，留下了很多历史上的地震记录，并在地震测报和防震、抗震等科学领域，取得了辉煌的成就。

我国开始记录地震的时间非常久远。公元前 3 世纪的《吕氏春秋》里记载说："周文王立国八年，岁六月，文王寝疾五日，而地动东西南北，不出国郊。"这一记载明确指出了地震发生的时间和范围，是我国地震记录中具体可靠的最早记载。此外，在《诗经》、《春秋》、《国语》和《左传》等先秦古籍中都有关于地震的记述，保存了不少古老地震的记录。

在不断记录地震、积累地震知识的基础上，东汉时期杰出的科学家张衡，发明了世界上第一架观测地震的仪器——地动仪。张衡是河南南阳人，一生中遇到过好多次地震，所以对发生过的多次地震，张衡都有亲身的体验。另外，张衡担任过多年的太史令，不但掌管天文，而且地方上发生地震上报以后，也都由他记录下来。为了掌握各地发生的地震情报，他感到很需要有一种仪器来进行观测。正是由于这种原因，张衡长年累月、孜孜不倦地研究地震问题，终于在132年创造了世界上第一架地震仪，在人类和地震作斗争的历史上，写下了光辉的一页。

关于这架仪器，《后汉书》中记载道："地动仪以精铜制成，圆径八尺，合盖隆起，形似酒尊。"里面有精巧的结构，主要是中间的"都柱"（类似惯性运动的摆）和它周围的"八道"（装置在摆的周围和仪体相接联的八个方向的八组杠杆机械）。外面相应设置八条龙，盘踞在八个方位上，并且每个龙头的嘴中含有一个小铜球，每个龙头下面都有一只蟾蜍张口向上。如果某地发生了较强烈的地

张衡发明的地动仪

震，传来地震的震波，"都柱"偏侧触动龙头的杠杆，使处在那个方向的龙嘴张开，铜球"当啷"一声掉在下面的蟾蜍口里。这样，观测人员根据铜球"振声激扬"，就知道在什么时间、什么方位发生了地震。地动仪制成以后，安置在洛阳，观测到了永和三年（138）陇西发生的一次6级以上的地震，开创了人类使用科学仪器观测地震的历史。

张衡发明的地动仪是当时世界上遥遥领先的伟大发明，在隋唐时期传到了波斯（现在的伊朗）和日本，19世纪以来，不断被译成多种外文，传播于世界。张衡的地动仪要比西方类似仪器的出现，早了1700多年。

演示天象的浑天仪

我国是一个历来都非常重视农业发展的国家,农业的发展同时促进了历法和天文观测的开始,又因为古代中国人对天象都有浓厚的兴趣,这使中国在早期就形成了比较发达的天文科技。我国的天文学发展具有非常悠久的历史,伴随着天文学的发展,我国古代的测天仪器也有了飞快的发展。古代测天仪器中,最早的是圭表,在《诗经》和《周礼》中都记载了它的使用,可见它的发明有多早了。

古时候的另一种测天仪器叫作浑仪,根据推测它可能开始于战国。浑仪模仿肉眼所见的天球形状,把仪器制成多个同心圆环,整体看就犹如一个圆球,然后通过可绕中心旋转的窥管观测天体。

浑仪的历史悠久,最早出现"浑天"这个词是在《春秋文耀钩》里,古人的"浑天"是指浑天仪,它既指测量天体的浑仪,也指演示天体的浑象。浑仪的发展具有一定的历史,早期结构如何已没有记载。而最早有详细结构记载的是东晋史官丞南阳孔挺在光初六年,即323年所造的两重环铜浑仪,这架仪器由六合仪和四游仪组成。到了唐贞观七年(633),李淳风增加了三辰仪,把两重环改为三重仪,成为一架比较完备的浑仪,称为"浑天黄道仪"。

浑天仪是浑天说的演示仪器,唐朝以后所造的浑仪,基本上与李淳风的浑仪相似,只是圆环或零部件有所增减而已。随着浑仪环数的增加,观测时遮蔽的天区愈来愈多,因此,从北宋开始简化浑仪,到了元朝郭守敬则对浑仪进行彻底改革,创制出简仪。浑象的构造是一个大圆球上刻画或镶嵌星宿、赤道、黄道、恒稳圈、恒显圈等,类似现今的天球仪。浑象又有两种形式,一种形式是在天球外围——地平圈,用来象征地。天球转动时,球内的地仍然不动。现代著作中把这种地在天内的浑象专称为"浑天象"。通常认为浑象最初是由西汉耿寿昌创制。东汉张衡的浑象是他设计的漏水转浑天仪的演示部分。张衡用一套设计精巧的漏壶与浑天仪结合起来使用,让漏壶推动浑天仪转动。这样,在屋里观察浑天仪的转动和圆球上恒星的升落,就可以知道天空中天象的真实情况。张衡还作了《浑天仪图注》,该书既是浑天仪结构的详细说明书,又是浑天说的代表著作。以后,天文学家还多次制造过浑象,并且和水力机械联系在一起,以取得和天球周日运动同步的效果。唐代的僧一行和梁令瓒,宋代苏颂和韩公廉等人,把浑象和自动计时装置结合起来,发展成为世界上最早的天文钟。

浑天仪运行的原理基础是利用齿轮和设计巧妙的水力"滴漏",带动浑象绕轴旋转,使浑象的旋转与地球的周日运动相等,浑象每转一圈,也就等于地球自转一圈。但是,当时的人们还是很怀疑浑天仪是否真的能观测天象。张衡为了证明自己设计发明的浑天仪真的能观测天象,进行了一个小测试。他在室内依据浑天仪的显示说出外面星星的位置,与户外观天象的人所看到的星象完全吻合,直到这时,人们才相信浑天仪真的能观测天象。张衡发明的浑天仪是根据以往的制作研究改进而成的,是相当成熟的作品。

水运浑天仪分为三层,分别是最底层的动力系统,因为是通过水力传力而达到运行目的的,所以被称为是"水运";第二层的浑象是模拟天体运转的仪器,叫作"象";而最上面的一层是观测天体

张衡创制的水运浑天仪

运行的仪器,叫作"仪",以这三个主要系统构成天文观测台,是世界上最早的天文观测站。

在浑天仪中,主要部分有三重,包括六合仪、三层仪和四游仪。除此之外,还包括窥管和座架。其中,六合仪是最外面的一层,由三套联结在一起的环组成,是固定不动的。他们各个部分的结构特点和原理基础如

下:天元子午圈是正立的双环,两面都刻着周天的度数而没有数字。地平圈是平卧的单环外弧面,刻干支八卦表示方向,内面刻分野,环的周围有水渠,用来固定水准。天常赤道圈是测立的单环,上面刻着十二个小时一百刻每时初中各四大刻一小刻。三辰仪是位于中间的一重,由四套环组成,可以在六合仪内东西旋转。二至圈是南北的双环,两面各从南极起刻着半周天一百八十二度多。二分圈是南北方向的单环,没有刻度。游旋赤道圈是东西向的单环,离开两极各九十一度多,上面刻着二十八星宿。黄道圈是双环,与赤道圈交叉成二十四度角,内侧面斜刻着二十八星宿。四游仪是位于最里面的一重,由一套环和天轴组成,可以在三辰仪里东西旋转。四游圈是南北方向的双环,环面从北极起刻着半周天一百八十二度多。天轴是南北方向的双条。窥管形状呈方形,贯穿于天轴的中心,中间有圆孔,管长与环正好吻合,可以在四游圈双环里以及在天轴双条中间移动。

浑天仪是我国古人为演说浑象说而设计制造的模仿天体运行的一种天文仪器。自从张衡发明创造了水运浑天仪以后,三国时期的王蕃、葛衡,晋朝的陆绩,南朝的陶弘景,隋朝的耿询等人都制造过。但在唐代僧一行之前,都没有人能超过张衡的创造。浑天仪的发明,成为现代钟表的祖先,也为中国天文的发展作出了划时代的贡献。

僧一行与子午线测量

僧一行原名张遂,又名敬贤,唐朝魏州昌乐(今河南濮阳市南乐县)人。张遂自幼天资聪颖,刻苦好学,博览群书。青年时代到长安拜师求学,研究天文和数学,很有成就,成为著名的学者。本来他是仕途顺畅的,后来为什么会出家成僧,为什么叫作僧一行呢?这其中是有原因的。

一行出家前,俗名叫张遂。在当时有名的学问家尹崇的推举下,年轻的张遂成了长安城里有名的学者。这位年轻的学者却不能安心地在长安研究学问,因为当时是武则天当皇帝,她的侄子武三思身居显位,权力很大。武三思沽名钓誉，到处拉拢文人名士以抬高自己。张遂是个刻苦钻研、老老实实做学问的青年，他不愿意和武三思这种声名狼藉的贵族同流合污，便假托有病，闭门不见。后来武三思不断地纠缠，张遂只得愤然离京，东去河南嵩山出家当了和尚，法名为一行，故称一行和尚。一行访师求学，先后到过剡州天台山、荆州当阳山学习佛教与天文。他学习很勤奋，"三更灯火五更鸣"，很快他便精通天文和数学，成为全国尽知的天文学家。

712年，唐玄宗即位，把僧一行召到京都长安，担任朝廷的天文学顾问。张遂在长安生活了10年，使他有机会从事天文学的观测和历法改革，僧一行一生突出的贡献是领导了全国性的大地天文测量、编制《大衍历》以及改制天文仪器。

从开元十二年(724)起，僧一行组织了全国10多个地点的天文大地测量。这次大规模的天文实测，南至林邑(今越南中部)，北抵铁勒(今内蒙古自治区以北)，中间选12个测量点。这次测量的内容包括：每个测量点二分(春分、秋分)、二至(夏至、冬至)时正午日影长度，测点的北极高度，以便确定南北昼夜的长短、各地日食的食分等。在这次测量中，以僧一行领导的、由南宫说等人主持的河南一段的测量最为精细。他们测量了当地的北极高度、夏至日正午八尺标杆的影子长度，还测量了这四个位处一条子午线上的观测点之间的距离。经僧一行归算，求得南北两地距离351.27里(古制1里300步，一步5尺)，同北极高度相差一度，一周天等于365又1/4度。这次测量出的一度为129.22公里，与今天测量的一度为111.2公里相比，虽有较大的误差，但终归纠正了"南北地隔千里，影差一寸"的传统错误。根据子午线一度的长度可以求得地球的大小，这是多么了不起的成就啊！814年，阿拉伯统治者阿尔·马蒙在幼发拉底河以北又一次进行了子午线长度的测量，得到了比一行更准确的数值，但比一行晚了90年。

开元十三年(725)，僧一行在全国大地天文测量的基础上，开始着手编撰《大衍历》。他以刘焯《皇极历》为基础，纠正了《皇极历》的一些认识。如僧一行通过观测，发现太阳在冬至时速度最快，以后逐渐地慢下来，到春分时速度平，继续到夏至最慢；夏至以后则相反。这种认识是较为接近天文实际的。在这一认识基础上，僧一行提出了较为正确的"定气"概念，把黄道一周365.25度从冬至开始等分为24份。太阳每走到此分线上便是"气"的时刻。根据观测，僧一行发现定气的时间间隔并不相等，因而摒弃了刘焯的时间相等的内差公式，发明了自变数距内插公式（即二内差公式），用来计算太阳的不均匀运动。这一计算公式，不仅对天文学计算有意义，而且在世界数学发展史上也有一定的意义。此外，僧一行还提出了一些近似公式来计算不同纬度地区太阳在日中时圭表的长度，具有相当的准确性，对日食月食的计算和推算各地见食有很大的作用。

《大衍历》于僧一行逝世之前完成草稿。此后经张说、陈玄景等人整编成册，于开元十七年（729）颁行。《大衍历》的历术共七篇：(1)步气朔，推算平气和平朔；(2)步发敛，推算七十二候和六十四卦；(3)步日躔，推算太阳的视运动和在天空中的位置；(4)步日晷，推算时间、晷影和漏刻；(5)步月离，推算月亮的位置和运动；(6)步交会，推算日月食的条件和方法；(7)步五星，推算五大行星的位置和运动。自开元十六年（728）起，每年颁发根据《大衍历》推算的次年历书。经检验证明，《大衍历》比以前所有的历法都更为精密。其结构严谨，演算步骤合乎逻辑，为后世历法所师。开元二十一年（733），《大衍历》传入日本，行用近百年。

僧一行在天文学上的第三大贡献是仪器制造。他在领导天文测量时，发明了用来测量的复规。他又与梁令瓒共同制造了观测天象的"浑天铜仪"和"黄道游仪"：浑天铜仪是在汉代张衡的"浑天仪"的基础上制造的，上面画着星宿，仪器用水力运转，每昼夜运转一周，与天象相符。另外，仪器上还装了两个木人，一个每刻敲鼓，一个每辰敲钟，其精密程度超过了张衡的"浑天仪"。"黄道游仪"在观测天象时，可以直接测量出日、月、星辰在轨道的坐标位置。僧一行使用这两个仪器,有效地进行了天文学研究。

僧一行在天文学上的成就,不仅在国内闻名,而且在西方上具有很大影响。此外,僧一行的天文学观点,有的比西方著名天文学家早1000多年。

开元十五年(727),僧一行去世后,唐玄宗特意为他制定碑文,并亲自书写在制碑的石头上,还拿出50万钱为他建造石塔,以示纪念。次年,当唐玄宗去温泉途中路过石塔时,又在石塔前驻马徘徊,表示对僧一行的怀念。

《诗经》中的气象记录

我国古代的气候科学,是随着农业生产和社会的需要而发展起来的。在我国最早的诗歌总集《诗经》中,劳动人民在讴歌生产劳动的同时,亦有很多涉及到天气、气候的动人篇章,堪称世界上最早涉及到气象知识的文学作品。二十四节气的划分,集科学性和客观性于一身,不仅为我国人民使用,而且还流传到世界上许多国家。英国的气象学家肖伯纳在1928年国际气象台台长会议上,曾呼吁欧美各国采用中国的二十四节气。由此可见,我国古代气象科学成就在世界上影响之深远。

除此之外,我国古代气象科学的杰出成就,还表现在对风、雨量和湿度的认识和观测上,尤其是这三项观测工具在我国的最早出现和使用,对后世气象科学的发展起了不可低估的作用。

远在奴隶社会初期,我国对风就有了深刻的认识。据甲骨文记载,当时测定风的工具叫"伣"。所谓"伣",即在风杆上系上布帛或长条旗用来测定风向。后来"伣"有了较大改进,被称作"统",并且给统规定了重量。《尔雅·释言》就有"又船上候风羽,谓之统,楚谓之五两"的记载。汉代统的使用已十分普遍,唐代尤为盛行,唐代诗人王维有"畏说南风五两轻"的诗句。直到今天,我国民间船桅上还沿用风幡、风旗,证明了统是我国古代测风器沿用下来最普及的一类。

1900多年前，东汉的张衡发明了相风铜鸟，将测风工具大大推进了一步。据《三辅黄图》记载："长安南宫有灵台……上有浑仪，张衡所制。又有相风铜鸟，遇风而动。"晋朝郭缘生在《述征记》中记载："长安南富有相风铜鸟，鸟遇千里风仍动。"这种相风铜鸟，已跟现在世界各国统一使用的测风仪原理十分相近。1971年，我国考古工作者在河北安平县逯家庄发掘的一座东汉古墓中，发现一幅东汉建筑群鸟瞰图，其后的一座钟楼上立有相风鸟，从而有力地证明相风鸟是世界最早出现和使用的测风仪，欧洲在12世纪才在建筑物顶上安装测定方向的候风鸟，比相风鸟晚了1000多年。

测风仪器的发明和运用，推动了我国古代社会对风的认识的逐步深入。早在奴隶社会时期，我国对风向就有了系统的区分，发掘出的甲骨文中已有了四个方位的风向，将东风称为劦风、南风称为凯风、西风称为彝风、北风称为阴风。封建社会初期，已由四个方位的风向发展到八个方位，并有了八风之名，即"不周风（西北风），广莫风（北风），条风（东北风），明庶风（东风），清明风（东南风），景风（南风），凉风（西南风），阊阖风（西风）"。《史记·律记》中记载了各个季节盛行风向的名称和出现的时间规律，并将它同农业生产联系起来，如条风立春至，明庶风春分至，清明风立夏至，景风夏至至，凉风立秋至，阊阖风秋分至，不周风立冬至，广莫风冬至至等。这种划分与我国的气候规律十分吻合，数千年来一直指导着农业生产。由盛行风向的变化判定季节的更替，表现了我国古代劳动人民的聪明才智。

春秋时期，我国已有了对风划分等级的雏形，但尚未对风的等级做完整的划分。到了唐代，著名学者李淳风对风做了8个等级的划分，即一级动叶，二级鸣条，三级摇枝，四级坠叶，五级折小枝，六级折大枝，七级折木飞沙石，八级拔大树及根，外加"无风"（静风）和"和风"共十个等级。这种对风级的划分法400年后才传入欧洲，推动了欧洲各国对风的研究。

雨量的多少直接关系到农业生产的旱涝、丰欠,历来受到世界各国的高度重视。我国古代测量雨的工具是小口大肚的瓶子——罂,它虽然不尽完美,但却开了我国进行雨量测定的先河。1424年,我国已统一将雨量器颁发到各个州府县,并远传到了朝鲜等国。1442年,雨量器已全部改为铜制,这比意大利人卡斯太里1639年制作的雨量器,早了200多年。

雨量器的使用推动了我国古代气象观测记录的发展,丰富了观测内容。1716年,已开始了对各地逐日雨雪情况的观测记录,除雨雪外,还有阴、晴、风、霜、雷暴的观测和记录,称为《晴雨录》。北京的《晴雨录》记载的年代最长,从1724年到1903年,约200年之久,其内容还有各观测项目的起讫时间、历年对比等。和今天各国统一的气象观测相比,《晴雨录》的内容、项目已经相当完备,它称得上是世界上最早的气象观测记录簿。

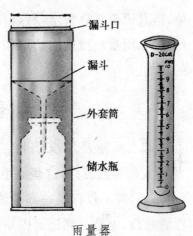

漏斗口
漏斗
外套筒
储水瓶

雨量器

清代乾隆年间,雨量器又有了新的改进,即在雨量器上刻有标尺,其状为一圆柱体,置于测雨台上。现今朝鲜历史文献馆中还有乾隆年间颁发的雨量器。这种圆柱形的雨量器与目前世界统一的圆柱形雨量器大同小异,都采用了圆柱体容积大的优点。

我国对空气湿度的测定,也为世界之先。《淮南子·本经训》中载有:"风雨之变,可以音律知也。"可见,我国古代人民很早就知道从空气湿度的变化引起乐器音弦的改变中推知风雨的变化。根据这一道理,我国在西汉已有了用来测量空气湿度变化的天平式湿度计。它是根据木炭吸湿性较强的特点制作的。其结构形状如天平,一头置土,一头置炭,根据天平的倾斜变化测定空气湿度,并推测阴晴。这是我国记载的最早的湿度计,比欧洲的湿度计早 1000 多年。

清初,湿度计已改用长二尺、厚一分的鹿肠筋紧夹在固定的架子顶端,用来测定湿度。鹿肠筋下连一鱼龙状指针直指架子底部的圆盘,空气干燥时,指针左转;空气湿润时,指针右转。鹿肠筋对湿度的反应特别敏感,这种仪器既简单又精确,同时完全合乎科学道理,与现在的毛发湿度计构造原理如出一辙,可以看作现代毛发湿度计的最早雏形。

测定风、雨量和湿度的仪器所以在我国最早出现,是与我国悠久的文化和古代先进的农业生产分不开的。尽管这些仪器还比较粗糙、原始,但其原理符合科学,所以在现代气象科学中,仍不失其价值。我国古代对风、雨量和湿度的认识和测定,对世界气象科学的发展,作出了卓越的贡献。

千古奇书《山海经》

提 起女娲补天、夸父追日、后羿射日、黄帝大战蚩尤等神话故事,很多人都耳熟能详,这些故事都出自于《山海经》。但是很多人未必知道《山海经》并不仅仅是一部神话故事集,它还是我国最早的一部百科全书性的典籍,也是一部记录中华民族地理发现的伟大著作。

《山海经》包括《山经》《海经》《大荒经》三部分。一般认为《山经》成书不迟于战国,《海经》有八篇杂入秦汉地名,成于秦汉之际,另有五篇加入《水经》文字,应成于魏晋。《大荒经》亦为后人增补,约成书于汉代。

关于《山海经》的价值,有人曾经这样评价:"《出海经》是迄今为止前人留下的一部最为玄妙、最为怪异的不朽名著。它不是怪书,但处处渗透着怪异神秘;它不是玄幻,却字字都是经典,都是名言。此书对浩浩之中国历史,对泱泱华夏文化如文学、天文学、地理学、动植物学、矿物学、中医药学等都具有不可估量的影响和贡献。"

《山海经》对文学的影响

《山海经》开创了后世神话、故事、童话、寓言创作之先河。它以奇特瑰丽的想象和浪漫诡秘的笔调,对中国文学产生了深远的影响。如先秦文学的两大代表《诗经》与《楚辞》,都有古神话的痕迹。尤其是《楚辞》,更是保存了大量的上古神话。《老子》《庄子》《淮南子》等道家思想巨著,也都是大量吸取古代神话的精髓加以哲理化而成。《左传》《史记》《尚书》,则是吸取神话而加以历史化。《山海经》是古代口传文学的成文记录,是保留中国最古神话最多的一部想象力非凡的上古玄奇百科全书,对后世文学产生了非常巨大的影响。如夸父的神话故事最早见于《山海经》,其后在《淮南子》与《列子》书中也都有记载,然后根据《山海经》而写就的。庄周梦蝶的寓言则是《山海经》神话变化的灵感。屈原《天问》《招魂》《九歌》《离骚》等皆与《山海经》的神话故事多有雷同。陶渊明的《读山海经诗》可谓句句源自于《山海经》。

浪漫诗人李白游仙思想名篇《梦游天姥吟留别》《蜀道难》《北风行》,甚至《清平调》等皆源于《山海经》神话。李贺诗对《山海经》神话亦多有运用。李商隐更是大量运用《山海经》神话象征、隐喻的个中翘楚。魏晋前后的小说:干宝的《搜神记》所志之怪,几乎是《山海经》神话的脱胎。唐传奇如《柳毅传》脱胎于《山海经》陵鱼(人鱼)的演化。宋代著名诗人苏东坡《潮州韩文公庙碑》中的祀歌:"骑龙白云乡、织锦裳的天孙、讴吟下招的巫阳",都是直接源于《海内西经》的。元剧《窦娥冤》、清蒲松龄的《聊斋志异》等无不与《山海经》的神话一脉相承。

总之,《山海经》神话塑造了不少文学形象,它们是象征的、想象的,是朴野的、情感的,更是富于生命力的。《山海经》的古神话,不仅琳琅瑰奇,更是一块块璞玉美石,可誉为"中国文学的宝矿"。

《山海经》对天文学的影响

《山海经》博大精深,其中的记载对后世的天文学也有着深远的影响。其中,《大荒经》和《海外经》两篇关于夔、应龙、烛龙、相柳的记载,并非荒谬怪诞的神话,而是对于原始历法中龙星纪时制度的真实写照。夔、应龙、烛龙、相柳分别是春天、夏天、秋天和冬天的龙星(苍龙七宿),

它们在《大荒经》和《海外经》的时空图式中分居东、南、西、北，正好对应于龙星在春、夏、秋、冬四个季节的方位。这一记载，为理解神话的起源和本质提供了一个线索。

春分、秋分和冬至、夏至是历法上最重要的四个节气，分别是作为春、秋和冬、夏的标志，春分和秋分这两天昼夜等分，故称为"日夜分"，冬至这天白昼最短夜晚最长，故称为"日短至"，夏至这天白昼最长夜晚最短，故称为"日长至"。这四个节气在天文学上也是四个重要的节点，春分、秋分实际上就是太阳视运行轨道黄道和天赤道在东西方的两个交点，因此天文学上把这两个点称为春分点和秋分点，而冬至则对应于黄道的最南点，夏至则对应于黄道的最北点。正因为这四个节气在历法和天文上的重要性，也因为它们易于观察，因此古人很早就认识到这四个节气，并根据它们的特征掌握了观察它们的方法。

《尚书·尧典》称尧命羲和"历象日月星辰，敬授民时"，其主要工作就是通过对太阳出入和昼夜变化的观察确定二分二至这四个重要的节气，《大荒经》中这几座位于四维和正东、正西的山峰，就在这个群山环抱的"大荒"世界中，直观地标明了这四个重要的节气。

人类文化很早就与天文学息息相关。有了天文、地理和人伦，天地间芸芸众生、世界和历史才变得可以理解，可以言说。

《山海经》对中医药学的影响

《山海经》分为两部，即《山经》和《海经》，《山经》载有丰富的中医药学知识，它远远早于《神农本草经》，是研究中药学的宝贵资料，也是研究我国医药和临床医学的珍贵文献。《海经》记录了一些远古人神摄生的方法，今天可以借鉴于养生学、气功学等方面。

《山海经》为《神农本草经》奠定了药物学基础，更对李时珍的《本草纲目》产生了巨大影响。《山海经》一书药物记载丰富、翔实可考，完全可以列为中国第一部药物学专著。

《山海经》载录中药 100 余种，其中包括植物、动物和矿物等类，并有产地、类别、形态、气味、性能和所治疾病的详细记载。据吕子方先生统计，《山海经》载录的药物数目，动物药有76种（其中兽类19种，鸟类27种，鱼龟类30种），植物药54种（其中木本24种，草本30种），矿物药及其他7种，共计137种。这些药物的治疗范围较广，涉及到外科、内科、妇科、绝育、不育症、肿瘤、抗衰老、美容等诸多方面，并对多种疾病都有独特的治疗效果。如在绝育方面，记载的草药的特征为开黑色花朵却不结果实。在抗衰老及治老年病方面，记载的多为草本植物。《北由经》还突出地写到食龟可以防病延年。在抗肿瘤方面，记载有一种草药，其状如赭，既可治疗，又可治肿瘤。此外，在抗瘿、疣痔方面，也有很多记载。

《山海经》中还有较多的健脑、调神方面的药物记载，以及治疗狂犬病方面的知识，还有吃了可以忘忧的药。其他还有治肿胀病、黄疸病、肿病、风痹病、腹泻等药物，而且记载都比较丰富，甚至还有关于预防保健作用的药物、滋补强壮作用的药物以及美容玉肌方面的药物。

《山海经》中关于中医药学的记载，比殷墟甲骨文要晚，但比《五十二病方》和《黄帝内经》要早很多。在中国医学的发展史上，《山海经》对中医药学有着不可忽视的史料价值和医学贡献。

《山海经》对矿物学的影响

《山海经》记载了矿物89种，其中有金属矿、非金属矿、各色垩土和各种怪石；记载矿藏产地309处，对矿产出处描述也比较详细，如山阴、山阳、山上、山下以及水中，等等；又根据矿物岩石的颜色、透明度、硬度、光泽、平滑和粗糙程度、敲击声音、磁性、医药性能、集合体的状态等等，来识别矿物和岩石。有的还知道了其可熔炼性，青膜、丹粟、瑶石、采石、白玉等就是根据这些特性来命名的。

最难能可贵的是《山海经》还记载了反映近代矿床学所称的"共生现象"。《山海经》对矿产资源的重要性有着特别的强调，全书共记述了100多种矿产，并依据金属的质地、颜色将金属矿藏分为金、玉、垩、石四类，另外还总结了很多种发现矿藏的有效经验，如可以根据"阴阳"关系找寻不同矿产。从书中的记述里我们不难发现,山的阴面多产铁,也就是说古人已经注意到矿藏的分布情况是与埋藏地点的地理特征相关联的。古人还通过采矿实践总结出"其上多金玉,其下多青"的结论,也就是说往往两种相关的矿藏是蕴藏在一起的,依据上下位置的分布还可以相互推测。

《山海经》不仅有对金属矿产相关的描述,对非金属矿产的认识和应用也已达到较高的水平。书中有对大理石的记载,还有对煤的载录,书上称煤为"石涅"。根据书中叙述,可以得出我国是世界上煤炭资源最丰富的国家之一,也是世界上最早利用煤的国家。据有关专家考证,女床之山、女几之山、风雨之山,分别位于今陕西凤翔、四川双流、什邡和通江、南江、巴中一带,这些地区均有大量煤炭出产。

《山海经》对地理学的影响

自古以来,《山海经》的地理学价值颇存争议,虽有人质疑,但它仍受到历代学者的推崇。它所载水系258处、地望348处、矿物673处、植物525处、动物473处,面积达数百万平方千米,是人类历史上最早、最系统的地理考察实录。

《山海经》具有重要的地理价值,在地理学史上占有一定的位置。作者以《中山经》为地理中心,四周的《南山经》《西山经》《东山经》《北山经》构成了整个大陆,大陆外还有大荒之地,这就构成了世界。《南山经》东起浙江舟山群岛,西至湖南西部,南达广东南海,包括现今的浙、湘、闽、赣、粤5省。《西山经》东起山西、陕西的黄河,南起陕西、甘肃秦岭山脉,北达宁夏西北,西北远及新疆阿尔泰山。《东山经》则包括现在的山东和苏皖北部。《中山经》则西达四川盆地西北边缘。《北山经》西起现在的内蒙、宁夏腾格里沙漠贺兰山一带,东至河北太行山东麓,北达内蒙阴山以北。

《山海经》中记载的山川也比早些年代出现的《禹贡》丰富,书中记载山岳的篇幅是《禹贡》中写山部分的14倍。《禹贡》中记载的山岳仅有4例,而《山经》则多达26例。《山海经》中写山的部分以山为纲,分南、西、东、北、中五大山系,在叙述每列山系时还详细地记述了这些山的形状、走向、位置、高度、陡峭程度、谷穴以及它们的面积大小。除此以外,还十分注意山与山之间的联系,叙述中还涉及雨雪情况和植被覆盖情况等。在介绍河流时,也一定会提及河水的发源地和流向,还注意到河流的支流或流进支流的水系,包括某些水流的伏流和潜流的情况以及湖泊、盐池、井泉的记载。除此以外,《山海经》还记载了众多的原始地理知识,如南方岩溶洞穴、北方河水季节性变化、不同气候带的地理景观与动植物分布情况,等等。

不仅如此,《山海经》还是我们了解上古社会的山川地理、自然资源、风土人情,了解我国几千年来的地理变迁和打开历史文化宝库的一把不可或缺的钥匙。

《山海经》对动植物学的影响

《山海经》除了对医药学、文学、地理学、矿物学有巨大影响外,对动植物学也产生了极其重要的影响。

《山海经》这部充满神奇色彩的百科式全书,对动植物的研究也弥足珍贵。早在3000多年前,我国古代劳动人民就在农业、畜牧、渔业生产实践中积累了许多有关动植物的记录和描述,如虎、豹、旋龟、桑树、枸杞树,等等。《山海经》就是一本上古时期我国动植物原始记录的书籍之一。它记录了动物423种,植物525种。如果我们剔除附会在这些动植物身上的神话和传说,就可发现,书中所记的多数动植物如今仍然存在。因此,后来的许多学者莫不将《山海经》视为研究上古社会动植物的一个蓝本,或多或少都从中汲取过营养。

《山海经》对于治学的参考价值也是显而易见的。经中还记录了一些现在灭绝或虚拟的动植物,如豚鹿、袋狼、白鹤、珙桐、崖柏、矮沙冬青,等等。对于这些记载不论是被看成神话还是传说,都不失为我们了解上古时期我国动植物状况的一个重要参考文献。

《山海经》中揭示了动植物图腾崇拜的渊源。我们还可以看到,经中记载的许多动植物都是当时动植物的真实记录,而且也是历史文化的积淀。

《山海经》在记载这些内容的过程中,往往也夹杂着许多神话传说。在这些神话中,我们不仅可以看到巫师的活动,也可以看到古人的信仰、崇拜等。书中记载的这些神奇的动物,主要是鸟、兽、龙、蛇之类。它们往往具有神奇的力量。这些动物很可能就是古人的图腾崇拜。

《山海经》是一部宏大奇瑰的著作,一部内容丰富、包罗万象的上古百科全书,一部想象力非凡的奇书。

传说中的九鼎与古代地图

地图是表达和传播地理知识的重要手段。我国古地图历史渊源久远,绘制形式多样,原图取材广泛。

传说夏禹铸造过九个鼎,鼎上各有不同地区的山川、草木和禽兽图,作为人们去远方各地的指南。后来这九鼎被夏、商、周三代帝王视作传国之宝,直到周朝末年被销毁。可见,我国在4000年前就有了最古老的地图。

春秋战国时期,地图已多被使用,当时地图在军事上的地位非常重要。军事负责人指挥作战,必先研究和熟悉地图,根据地形、山势、道路远近,制定作战方案。从图上既可看出山川"之所在"、"道里之远近"、"城郭之大小"。从这些古代记载中可以看出,那时绘制的地图已经有了方位、距离和比例尺的规定。随着社会生产力的发展,汉代地图学有了许多进步。由于地图的摹绘要比书籍的传抄困难得多,致使史籍记载的许多著名地图几乎散失殆尽。

我国现存最古老、最完美的地图是1973年长沙马王堆三号汉墓出土的三幅绘在帛上的地图。它们是地形图、驻军图和城邑图。图上未注图名、比例尺、图例和绘制时间。从图中地名和地图出于汉文帝十二年的墓葬来看,可以断定它们是西汉初年测绘的,距今已有2100多年。

用现代地图同马王堆地形图、驻军图比较量算，可以发现，地形图除南部一带没有注记的部分外，其余大部分合乎十八万分之一的比例；驻军图的比例尺大些，为八万分之一到十万分之一左右。地形图长宽各96厘米，绘有山脉、河流、居民点和道路等，已经具备了地形图的基本内容。地形图所示的湘江上游第一大支流潇水流域、南岭、九嶷山及其附近地区的精度相当高。深水及其支流的水道情况，大部分接近于今天的地图；居民点各县城的位置也比较准确；对于山脉逶迤，峰峦起伏的九嶷山和南北走向的都庞岭等的表示相当出色。这些情况表明，地图的绘制一定是以相当科学的测绘方法为基础的。驻军图长98厘米，宽78厘米，范围仅仅是地形图中的一部分。因为是军事守备图，内容除山脉、河流、居民点和道路外，还标明了驻军的布防、防区界线和指挥城堡等，反映了汉初长沙诸侯国驻军守备作战的兵力部署情况。城邑图是一个县城的平面图，绘有城垣和房屋等，是汉初又一类型的地图，也是后来发展起来的城市平面图的先声。马王堆出土的三幅地图，反映了秦汉时期地理知识和测量、计算、绘制等技术方面所取得的成就。

自从纸张出现以后，古地图的绘制得到了很快的发展。西晋时期，我国著名的地理学家裴秀，创制了"制图六体"，使我国古地图的绘制在理论上有准则可循，在地图史上具有重大意义。"制图六体"指分率、准望、道里、高下、方邪、迂直，即现代绘图中普遍运用的比例尺、方位、交通路线的实际距离、地势起伏、地物形状和倾斜缓急的编制原则。裴秀提出的这些制图原则，使绘制成的地图避免了"得之于一隅，必失之于他方"（即某地的方位虽然从某一方向看是对的，从其他方向看就不对了）的偏差，大大提高了精确度。它不但相当科学，也比较全面。可以说，今天地图学上所应考虑的主要因素，除经纬线和地图投影外，制图六体几乎都已经提出来了。这在地图学发展史上是具有划时代意义的杰出贡献。

制图六体是对西晋以前制图经验的理论总结，也是我国和世界上最早的绘制平面地图的科学理论。它为我国古代地图学奠定了理论基础，影响着自西晋至清初 1000 多年间我国地图学的发展。裴秀研究了大量古代资料,编制出《禹贡地域图》18 篇,这是见于文字记载的我国最早的历史地图集,可惜早已失传。

宋代对地图特别重视,993 年用绢 100 匹制成的大型地图——"淳化天下图",其规模之大,世间罕见。特别值得提及的是现今保存在西安和苏州的三幅宋代石刻地图——"华夷图"、"禹迹图"和"地理图"。西安碑林中有一座 1136 年的石碑,石碑正面和背面分别刻有"华夷图"和"禹迹图",二图长宽各约 0.77 米,把我国的一些主要山脉、河流以及长城和当时大多数州的地理位置都表达得很清楚。苏州文庙的石刻"地理图"宽约 1 米,长约 2 米。图上山脉层峦叠嶂,富有国画特色。地名和方框有定点性质,颇具学术研究价值。

清代是我国历史上制图发展最快的时期,这时已有了全国统一的、精细的地图。1707 年,展开了全国性经纬度和三角测量,1717 年完成了闻名世界的《皇舆全览图》,并在图中最早标绘了世界最高峰——珠穆朗玛峰。在光绪年间,杨守敬等编撰了大型历史地图集《历代舆地图》,详示自春秋至明各朝疆域境界、都邑地名,成为我国绘制历史地图的蓝本。

徐霞客及地理大发现

"天下奇人癖爱山,负锸泻汗煮白石。"这是好友黄道周赠给徐霞客的一首七言古诗中的两句诗。所以后人常以"奇人"称誉徐霞客,他的所作所为是"奇事",而他的著作《徐霞客游记》又是一部"奇书"。

徐霞客,名泓祖,字振之,出生于江苏省江阴市马镇,是我国明代杰出的地理学家、旅行家。他少时聪慧过人,博览群书,22 岁摒弃仕途,开始全国漫游。34 年间,足迹遍及 16 个省区的名山大川,对山脉、水道、地质、地貌等方面的研究取得超越前人的成就,是世界上考察、研究石灰岩地貌的先驱者。

徐霞客生活在富贵之家,自幼受到良好的家庭教育,从小就特别喜爱看历史、地理和游记一类的书籍。书中的一切，深深打动了徐霞客幼小的心灵。他暗暗下定决心，将来要干一番自己所喜爱的事业。然而事不由人，徐霞客毕竟出身于当时中国封建官僚家庭，祖上几代为官，到了他的父辈虽然"不喜冠带交"，隐迹田园，但是当时皓首穷经，走达官仕途之路仍然是一股不可抗拒的社会风尚和历史潮流。徐霞客无力也不可能完全摆脱时代的羁绊，然而仕途的大门并没有向徐霞客打开。当他应举失败之后，就下定决心挣脱科举的枷锁，重新埋头于他真正感兴趣的书籍之中，并奔向自己向往已久的世界——外出旅游，去探索大自然的奥秘。

万历三十五年(1607)是徐霞客迈向旅游生涯的开端。这一年，他肩负背囊，手持油伞，告别了家人，徒步南行，被誉为"江南明珠"的太湖成了他第一个出游的地方。碧波万顷的湖面，银光粼粼。远处的山峦，郁郁葱葱，真可谓山清水秀，初出茅庐的徐霞客大饱眼福。他一鼓作气，游览了斜插在太湖中的西山和东山，然后满载着内心的喜悦回到了自己的家乡。

此后，徐霞客差不多每年都要外出旅游考察，历时 30 余年。

他北历燕冀，南涉闽粤，西北直攀太华之巅，西南远达云贵边陲，足迹遍及当时 14 个省，即现在的江苏、浙江、山东、山西、陕西、河南、河北、安徽、江西、福建、广东、广西、湖南、湖北、贵州、云南 16 个省和北京、天津、上海等地。徐霞客在外出旅游考察过程中，得到了他母亲的大力支持。母亲激励他说："志在四方，男子事也。"徐霞客的母亲甚至不顾 70 岁高龄，还满怀豪情地伴同徐霞客游览了荆溪、勾曲(今江苏宜兴一带)。

崇祯九年(1636)是徐霞客外出旅游考察具有转折性的一年。当时，徐霞客已 51 岁。在此之前，他虽然多次外出旅游考察，但大多短期而归，因为他时刻眷恋着自己的母亲。这一年，当他母亲去世以后，徐霞客少了一种难以割舍的牵挂，可以无忧无虑地外出远游了。于是他从家乡出发，途经江苏、浙江、江西、湖南、广西、贵州，到了此次旅游和考察最远的地方——云南，历时五个春秋。这次外出考察，也是徐霞客一生中最后一次和为期最长的一次。

　　他长年累月，不分寒暑，攀山越岭，奔波在荒山野岭之中，不仅接受着大自然的严酷考验，而且还时时受到种种人为因素的挑战。在这次考察旅行途中，徐霞客曾经三次遇盗，四次绝粮，到了"身无寸丝"、饥肠辘辘的境地。但是，这些困难都没能动摇徐霞客的意志和信念，他仍以坚忍不拔的精神完成了考察祖国大西南的夙愿。在极度困难的情况下，一些好心人曾善意地规劝徐霞客不要再冒着风险继续进行考察了，还是尽早回去为好。如果他回故乡的话，他们可以为他备好行装。徐霞客听了，十分坚定地说："我如果遇到困难就结束考察返回故乡，以后若想重新出来进行考察，妻子和儿女必定不会同意。我继续考察的意志不能改变。"

　　为了探寻自然界的奥秘，徐霞客猎奇而从，见险而行，登山必登最高之巅，下洞必到最深之地。他不信邪，不信鬼，无论是神龙精怪，还是巨蟒猛兽，都无所畏惧。

　　一次，他在湖南茶陵准备考察麻叶洞的消息传出，轰动了周围的乡亲，短时间里砍柴的拿着镰刀，种田的拿着锄耙，烧饭的停下烟火，织布的停住机梭，甚至连十几岁的牧童也十分好奇地赶来，黑压压的人把洞口包围起来。当徐霞客准备下洞时，围观的人群一下子沸腾起来了，有人说："洞中有神龙。"有人说："洞中有精怪，不会法术的人是不能降服这些东西的。"众人你一言，我一语，探头下望，没有一个人不为徐霞客担心。然而徐霞客却毫不畏惧，从容地脱下衣服，拿着火把下洞进行探察。在洞中，他不仅没有遇到人们传说的各种神龙精怪，反而亲身感受了"石幻异形，肤理顿换，片窍俱灵"的另一番大千世界。

　　当徐霞客考察结束回到洞口时，守候在洞口的焦急的人们一下子把他围了起来。众人的疑惑和担心顿时烟消云散，无不对徐霞客的惊人之举投以敬佩的目光。

　　徐霞客在旅游考察中，主要以日记形式把观察所得写成了"游记"。这就是经后人整理而成，被人们称为"千古奇书"、"古今一大奇著作"的《徐霞客游记》。游记内容非常丰富,自山川源流、地形地貌的考察,到岩石、山洞、瀑布、温泉的概述;从动物、植物生态品种的比较,到矿产、手工业、居民点、物价的记录;从民情风俗的观察,到民族关系、边陲防务的关注……鲜明地反映了资本主义萌芽时期,先进的人们注重实际、迫切需要了解自然、研究社会的强烈愿望。《徐霞客游记》是一部划时代的地理学巨著,它不仅为中国科技史上增添了光辉的一页,而且在世界科学史上也占有重要的位置。

在地理学中,徐霞客的最大贡献,莫过于对岩溶地貌的研究。

我国古代很早就已经注意到岩溶现象,但是大规模地对这种现象进行考察和研究,却是从徐霞客开始。徐霞客旅行湘、桂、黔、滇三年中,计976日,占全游记日数1463日的大半,字数达56万,亦占全游记69万字的三分之二以上。这四省正好是世界上最大的和发育最好的岩溶地形区。他对沿途见到的石灰岩地貌的种种特征,如"铮铮骨立"的石山,"攒出碧莲玉笋世界"的峰林,"坠壑成井,小者为眢井,大者为盘洼"的圆洼地,"漩涡成潭,如釜之仰"的落水洞,以及"伏流潜通"、"水皆从地中透去"的伏流现象,都作了具体细致的考察记载。比起1781年奥地利地理学家格鲁柏对今天斯洛文尼亚的喀斯特地貌进行考察和研究要早得多。所以,《徐霞客游记》无疑是世界上最早系统记载岩溶地形的科学巨著。

在地理学的其他分支中,徐霞客也作出了不少贡献:如植物地理,徐霞客不仅记载了大量的植物科属,并且描述了不少植物生态,特别是他旅行最久、记载最详的我国西南地区,植物地理的资料堪称丰富;又如地名学,《徐霞客游记》中记载的大小地名,多达万条以上。这中间贡献最大的是对石灰岩地区岩溶地貌的正名。徐霞客把漏陷地区分为眢井、盘洼或环洼。他并且使用了天池、伏流、天生桥等名称。此外,徐霞客还对许多史迹地名、方位地名、姓氏地名、动物地名、矿物地名等加以解释,为后人从事地名渊源的研究奠定了基础。

徐霞客生活的时代,大多数知识分子只知皓首穷经,沉湎于八股科举的桎梏之中，而徐霞客却能毅然冲破旧框框，摆脱传统的束缚，决然走出狭隘的书斋，投向广阔的大自然，勇于实践，亲身考察，从实践中求真知，开辟了中国地理学上实地考察自然，系统地观察、描述自然的新方向。他这种献身科学艰苦卓绝的实践精神，给后人以巨大的鼓舞力量。1978年，为了纪念这位伟大的学者，人们在他的家乡江苏江阴县修建了"徐霞客纪念堂"，以表达对这位学者的爱戴与怀念，昭示着徐霞客精神将长存人间。

唐高僧玄奘的取经之路

唐僧对中国人来说，可谓家喻户晓，妇孺皆知，但人们大多是通过《西游记》来认识他的。其实，历史上唐僧确有其人，他就是对我国佛教事业发展和中印文化交流做出巨大贡献的唐代高僧玄奘法师。

玄奘，俗名陈祎，隋文帝时出生于一个世代儒学之家。他13岁在洛阳净土寺出家为僧，取法号玄奘，敬称三藏法师，俗称唐僧。

玄奘自幼聪明，刻苦好学。他出家后更加勤奋好学，经常到各地听名僧讲学。唐朝初年，玄奘到四川研究佛经。当时四川比较安定，云集着国内很多有名的高僧，玄奘虚心请教，学问大有长进。后来，他又来到长安，跟名僧学习《俱舍》《摄论》《涅槃》等经论，大小经论无不通晓。当时长安有法常、僧辩两位法师，这两位佛学大师对玄奘特别赞赏，称他为"释门千里之驹"。玄奘因而成为名噪大江南北的法师。

随着学问的不断长进，玄奘发现经卷与经师对佛教教义的解释迥然不同，但又苦于中国佛经体系驳杂，译法紊乱，难以凭信。于是，他下决心西行印度，寻师访学，取得真经，释疑解难。

唐贞观三年(629)，玄奘上疏请求西游。唐太宗考虑到当时立国不久，内乱未平，因而没有批准他的请求。玄奘为求佛法大义，西行的决心并未动摇。那年秋天，玄奘与前往西域贸易的商人们一起偷偷地出发了。

　　玄奘由于是违禁西行，因而遭到朝廷的捕拿。他只好白天躲藏起来，夜晚再赶路。玄奘一路西行，风餐露宿，艰苦备尝，但他百折不挠，一心向前。经过五万多里的行程，沿途拜访了西域十六国的名僧，玄奘最后终于到达了目的地——天竺国（今印度）。在天竺国，他遍访佛寺，参观佛像和释迦牟尼说法的地址等。这些实地学习，使他对佛经的理解更加深刻了。

　　唐贞观七年（633），玄奘来到了天竺国佛教的最高学府——摩揭陀国那烂陀寺，这座当时已有700多年历史的寺庙，是当时印度的文化中心。当玄奘到达那烂陀寺时，受到了200多名僧人和1000多位施主的迎接。他在那里参见了100多岁的戒贤法师，并拜他为师。玄奘在那烂陀寺呆了五年。五年中，他虚习求教，潜心钻研，不仅读完了寺里所藏的佛经，还进一步研究印度各学派的学说和天竺各国语言。在那烂陀寺，能通晓20部经论的僧人有1000多人，通晓30部的有500多人，通晓50部的只有10人，玄奘就是10人当中的一人。玄奘的学识受到印度僧俗的极大敬重，也受到了许多国王的景仰。当时有个戒日王，他极为敬重玄奘的才识，亲自在都城为玄奘举行大会，集结了五印度的沙门、婆罗门、外道等6000多人和其他十八国的国王，请玄奘为众人宣讲大乘法理。玄奘告谕众人，如果有人能够驳倒他一字半句，他甘愿斩首谢过。一连十八天的法会，竟无一人敢与他辩驳。

　　玄奘以精湛的学业，在佛教的圣地攀上了佛学顶峰，获得了"三藏法师"的称号。三藏是对佛教经、律、论三种经藏的总称。"三藏法师"意为精通佛学的全部经典的大师。当时，在那烂陀寺，这一称号的地位仅次于戒贤法师，因此人们称玄奘为唐三藏。

　　玄奘在印度游学前后长达17年，贞观十七年（643）春天，玄奘谢绝了戒日王和那烂陀寺众僧的挽留，携带657部佛经，取道今巴基斯坦北上，经阿富汗,翻越帕米尔高原,沿塔里木盆地南线回国,两年后回到了阔别已久的首都长安。玄奘此行,行程5万里,历时18年,是一次艰难而又伟大的旅行。

唐太宗得知玄奘回国,在洛阳召见了他,并敦促他将在西域、天竺的所见所闻撰写成书。于是由玄奘口述、弟子辩机执笔的《大唐西域记》一书,于贞观二十年(646)七月完成了。该书所记述的120国和传闻中的28国的山川、城邑、物产和民俗,是今天研究印度、尼泊尔、巴基斯坦、孟加拉等国以及中亚等地古代历史、地理的重要著作。

1819年,阿旃陀石窟重被发现,但没有人认识它,根据《大唐西域记》的记载,才断定它是印度有名的胜迹。埋没了几百年的印度那烂陀寺,也是根据《大唐西域记》提供的线索发掘出来的。

《大唐西域记》距今已有1300多年了。随着时光的流逝,更加显示出这部著作的灿烂光辉。对于具有悠久文明的印度古代地理、宗教而言,此书是基本史料,7世纪前后印度混沌的历史、地理,依赖此书得以在幽暗中略睹光明、散乱中稍有秩序。该书已有英、日、法等译本。

唐高宗麟德元年(664),玄奘圆寂于玉华寺。当唐高宗得知玄奘圆寂的噩耗,悲痛万分地说:"朕失国宝矣!"并为玄奘废朝五日。为玄奘送葬那天,长安附近500里以内的人们纷纷赶来,达100多万人。

玄奘为中印文化交流贡献了毕生的精力,也正是从他开始,中印两国建立了邦交。所以1200多年以来,中印两国人民都视玄奘为中印文化交往的象征。

《梦溪笔谈》的科技成就

在悠悠中华五千年的历史中,涌现出了许多优秀的科学家,其中就有被英国科技史专家李约瑟称为"中国整部科学史中最卓越的人物"的沈括,他写的《梦溪笔谈》被称为"中国科学史上的里程碑"。

沈括字存中,杭州钱塘县人,是北宋仁宗年间进士。他博学多才,精通天文、数学、物理学、化学、生物学、地理学、农学和医学;他还是卓越的工程师、出色的军事家、外交家和政治家。同时,他博学善文,对方志、律历、音乐、医药、卜算等无所不精。

沈括的父亲是个地方官,沈括24岁时,承袭父亲的职位,当了江苏沭阳县令,主持疏浚沭水的工作。他组织几万民工,修筑渠堰,不仅解除了当地人民的水灾威胁,而且还开垦出良田7000顷,改变了沭阳的面貌。后来,他又任江苏东海、安徽宁国、河南宛丘(今淮阳)县令。虽然政务繁忙,但他仍坚持考察,写了《论圩田》。33岁时他考取了进士,被提举为司天监后,参与制订了新历——《奉天历》。王安石变法失败后,他因支持变法而被贬。后来仕途几经挫折,但这并没有使这位科学家丧失科学研究的斗志。凭着超凡的意志力和对科学的追求,他潜心撰著,终于完成了誉满中外的科学巨著——《梦溪笔谈》。

《梦溪笔谈》是沈括晚年在梦溪园将他一生所见所闻和研究心得以笔记文学体裁写下的著作。书中关于科学技术的条目约占1/3以上,内容涉及天文、历法、地理、地质、数学、气象、物理、化学、冶金、兵器、水利、建筑、动植物以及医药学等广阔的领域,反映了我国古代特别是北宋时期自然科学取得的辉煌成就。

《梦溪笔谈》中与天文历法有关的条文有26条。在这方面,沈括的第一项成就是提出《十二气历》,以十二气为一年,以立春为一年之始,大尽31日,小尽30日。同时把月相的变化以朔望等注于历中。在沈括之后的900年,英国气象局使用的肖伯纳历与《十二气历》相似。现在世界各国采用的公历也是与《十二气历》基本一致的阳历,但在月份上还不及《十二气历》科学。

此外,沈括在天文仪器的改革上,也取得了成就,他大胆地改造了浑仪,改进了刻漏,并亲自设计了能使极星保持在视场之内的窥管。他还把自己对天文仪器的改造和研究,写成了《浑仪式》《景表议》《浮漏议》三篇文章,以此阐发改革仪器的原理。

《梦溪笔谈》中关于物理的条目有40条,《沈氏良方》《梦溪忘怀录》也有关于物理知识的阐述。

沈括重新进行《墨子》的光学实验,以飞鸢说明小孔成像。对透光镜,沈括也进行了实验和探讨,他猜测是铜镜冷却时有先后而致透光不同,虽然这个说法不正确,却为后来郑复光的实验所借鉴。

沈括还记述了"以新赤油伞日中复之"验尸伤的方法,红油伞的作用是从日光中滤取红色波段光,皮下淤血一般呈青紫色,在白光下看不清,红光能提高淤血与周围部分的反衬度,容易显现。这是我国关于滤光应用的最早记载,它被宋代郑克的《折狱龟鉴》和宋慈的《洗冤集录》所应用和发展。

共振现象早在战国时期就为人们所发现,其后人们还发现了一些消除共振现象的方法,沈括对声的共振现象有了更进一步的认识。他用简单的仪器做了个实验,证明弦线的基音与泛音的共振关系。他剪了一个小纸人,放在基音弦线上,拨动相应的泛音弦线,纸人就跳动,拨别的弦线,纸人则不动,沈括把这称为"正声",即共振实验,西方直到17世纪才出现类似的实验。

《梦溪笔谈》中的化学条文有9条。沈括在陕北任官时,发现了人间之宝,给以科学的命名——石油,并预言它的储藏和大用。

《梦溪笔谈》中有关地学的条文有37条。他在察访浙东时指出雁荡山峭拔险怪、上耸千尺的原理——流水侵蚀(山谷中的大水冲激,把沙土都冲走了,只有巨石岿然立在那里),他还指出华北平原是由黄河、漳河、滹沱河等冲积而成。我们现代所用的"化石"一词也是从他的记载中来的。另外,《梦溪笔谈》对动植物的地理分布、分类、形态描述、生物生理、生态现象、生物防治、药物药理作用、人体解剖、古生物学均有大量记载,是古代科学技术史的宝贵资料。

在数学方面,沈括创立了"隙积术"和"会圆术"。"隙积术"是一个解决垛积求和的数学问题。沈括开辟了新的研究方向,由以前的等差、等比级数推广为高等级数。它的创立,使中国古代数学研究产生了新的飞跃,它不仅在中国古代数学史上占有重要的地位,而且在世界级数论的发展史上也有十分重要的地位。

关于隙积术的发现,还有一个小故事呢。相传,刚过而立之年的沈括,曾在一位转运使手下当官。在频繁的接触中,转运使发现沈括才华出众,很想把才貌双全的女儿嫁给他。正在这时,一位同僚告诉他,说近来沈括常出入酒家,回来就闭门不出,想必是醉得不省人事,在蒙头大睡呢。转运使听后心中十分不悦:没想到这青年平时仪表堂堂,做事一丝不苟,原来竟是个酒鬼!这样想着,转运使便径直闯入沈括住处。推开门一看,沈括正在摆弄桌上摞起来的酒杯。见转运使大驾光临,沈括忙让座倒茶,并把这些天的发现对上司娓娓道来。原来,酒家里常把酒桶堆成长方台形体,从底层向上,逐层长宽各减一个,看上去四个侧面都是斜的,中间自然形成空隙,这在数学上称为"隙积"。数学上又把计算中间空隙的体积的方法,叫作"隙积术"。他苦思冥想,就是在研究"隙积术"。转运使听罢,这才转怒为喜。没多久,沈括便成了转运使的女婿。沈括是历史上第一个发现"隙积术"的人。

"会圆术"是沈括在平面几何学上的创造,它是已知圆的直径和弓形的高(古称"矢"),求弓形的底和弓形弧的方法。这个方法是继九章算术弧田术以后的另一个近似公式。它的创立,为元朝郭守敬的球面三角学奠定了基础。郭守敬编制《授时历》以四次方程式求天球"黄道积度"的矢,就是引用沈括这个公式来列式计算的。

沈括还用数学知识研究军粮运送,提出运粮之法,其中含有运筹思想的萌芽。他又研究围棋局总数,在没有指数知识的前提下,得到了关于从若干元素中每次提取几件且许可重复的排列问题的解题思路并给出了估算值。

《梦溪笔谈》不仅是一部史料价值很高的历史典籍，而且是一部科技史资料汇编，在中国科学技术史上，甚至在世界文化史上都具有十分重要的地位。沈括也因此成为一位流传千古的科学家。

科学巨著《天工开物》

近代论大师达尔文曾称赞我国的一位科学家为"东方的百科全书式的学者"，他就是明代的大科学家宋应星。

宋应星出生于一个官僚地主家庭。他自幼刻苦学习，很小就能作诗，有过目不忘的本领。他除了熟读四书、五经等儒家经典外，还阅读《左传》《国语》《史记》等史书，以及诸子百家、语言文学、自然地理、农业工艺等方面的书籍，从而扩大了知识面，这为他日后著书立说打下了坚实的基础。

万历四十三年(1615)，宋应星参加江西的考试，考中了举人。同年冬，他又到北京参加会试，但却名落孙山。此后的16年间，他先后四次北上参加会试，都以失败而告终。历试不中，他转而把精力放在游历考察中。他从家乡到京都，沿途考察了江西、湖北、安徽、江苏、山东等地农业、手工业和商业的发展情况。他把沿途所见所闻一一记录下来，这为他后来撰写《天工开物》积累了素材。

五次会试的失败，使宋应星对明末政治的腐朽及学风的败坏有了更深刻的认识，他决心放弃科举，转向与功名进取毫无关系的实学，钻研与国计民生有切实关系的科学技术。这是他一生中的一个重要转折。

崇祯七年(1634)，宋应星担任江西分宜教谕一职，参加地方学政。身为地方官吏，使他有更多的机会接触到下层人民生活，为他从事考察研究提供了方便。他任江西分宜教谕时，便开始着手《天工开物》的撰写。教谕的俸薪低得可怜,生活清苦自不待言。当时社会上人言必程朱理学,写作科技作品常被人认为是不务正业,遭人讥笑。但宋应星却立志要在令人眼花缭乱、门目众多的工农业及技术知识中,理出个头绪来,让人懂得天工的知识,开物的技巧。经过四年的不懈努力,《天工开物》终于问世了。

《天工开物》是世界上第一部关于农业和手工业生产的综合性著作,被欧洲学者称为"技术的百科全书"。它对中国古代的各项技术进行了系统的总结,构成了一个完整的科学技术体系。书中记述的许多生产技术,一直沿用到近代。此书于崇祯十年(1637)由友人涂绍煃资助,初版刊刻于南昌府。

全书分3卷17章,即《乃粒》《乃服》《彰施》《粹精》《作咸》《甘嗜》《陶埏》《冶铸》《舟车》《锤锻》《燔石》《膏液》《杀青》《五金》《佳兵》《丹青》《曲蘗》《珠玉》,涉及农业和手工业部门近30个,是一部技术百科全书。

《乃粒》论述稻、麦、粟等粮食作物的种植栽培技术和生产、灌溉工具;《乃服》记述养蚕、缲丝、丝织、棉纺等生产技术和工具操作技术;《彰施》叙述各种植物染料和染色技术;《粹精》介绍稻、麦、粟的收割、脱粒、磨粉等加工技术与工具;《作咸》论述制盐技术与工具;《甘嗜》记载甘蔗种植和制糖技术,兼及养蜂与制蜜技术;《陶埏》介绍砖瓦、陶瓷的生产技术与工具;《冶铸》论述传统的铸造技术、工艺和工具;《舟车》说明各种车船构件、用材和驾驶方法;《锤锻》系统记载了铁器、铜器锻造工艺和加工技术;《燔石》记述石灰、煤、硫黄等开采、挖掘技术;《膏液》介绍油料作物的提炼、加工技术与工具;《杀青》论述纸的原料、加工和用途;《五金》论述金、银、铜、铁、锡等的开采、冶炼、分离等技术;《佳兵》记载弓箭、火药、枪炮等制造技术;《丹青》记述墨和文具制造技术;《曲蘗》介绍酒曲的原料、配比和制造技术;《珠玉》记述南海采珠、新疆采玉、井下取宝石的加工方法与技术。全书还有123幅插图,对我国古代农业和手工业生产技术做了全面系统的总结。

17世纪末，《天工开物》传入日本，18世纪传入朝鲜，1869年传入欧洲，有了法文译本。现已有日、法、英等多种译本。法国学者儒莲称《天工开物》为"技术百科全书"，日本学者三技博音称其为"中国有代表性的技术书"，英国科学史专家李约瑟博士称其为"17世纪早期的重要技术著作"，称赞宋应星为"中国的狄德罗"。可见，《天工开物》是全世界公认的世界性科学技术名著。

"此书于功名进取，毫不相关也！"但正是此书给不求功名的宋应星在数百年间赢得了世界性的荣誉，赢得了后世人永久性的推崇。

中西文化交流的先行者

在中国古代科学发展史上，徐光启占有重要的位置。他不仅在数学、农学、天文历法等方面有很高的造诣，而且力图融汇中西科学，是沟通中外文化交流的先行者。

徐光启少年时代就立志"治国治民，崇正避邪，勿枉为人一世"。他聪明好学，12岁时，塾师命题，他不假思索，出口成章。15岁时，他不但把章句、声律、书法等学得很好，而且对农活也很感兴趣。课余常和家人到地里干活。万历十年（1582），番薯从越南传入我国，开始在南方广为种植。他对此很感兴趣，专心研究番薯的栽培繁殖方法。

徐光启自万历九年（1581）中金山卫秀才后，在此后的15年中，曾多次参加科举考试，但都名落孙山。于是他一面在家乡教书育人和准备科举考试，一面致力于农业科学的研究。他购买了《齐民要术》、《农桑辑要》、《便民图纂》等农书，认真阅读和摘要，从中收集了大量有关农业问题的资料，为日后编撰《农政全书》作了重要的准备。

万历三十二年（1604），徐光启参加进士考试，及第后被派往都察院观政，不久被选为翰林院庶吉士，入翰林馆学习。学习期满后，他先在翰林院、詹事府和礼部任职，崇祯二年（1629）以后，又先后担任礼部左侍郎、礼部尚书、文渊阁大学士，成为明末地位相当于宰相的重臣。

徐光启一生长期从事科学研究，他进士及第前，在教书之余，广泛收集农学资料，"考古证今，广咨博讯，遇一人辄问，至一地辄问，问则随闻随笔，一事一物，必讲究精研，不穷其极不已"。这种刻苦求实的精神为后来的科学研究打下了坚实的基础。他做官后，仍然致力于实用科学的研究。他治学态度严谨，研究领域极广，包括数学、天文、历法、地理、水利、火器制造等许多方面，著述多达60多种，其中以译著《几何原本》、编著《农政全书》、编译《崇祯历书》等最为著名。

徐光启一生贡献最大、影响最广的著述是《农政全书》。此书后经陈子龙、谢廷桢、张密等人增删整理，于崇祯十二年（1639）正式刊行。全书共60卷，50多万字，分农本、田制、农事、水利、农器、树艺、蚕桑、蚕桑广类、种植、牧养、制造和荒政等12类，涉及的范围非常广泛，从农业政策、制度到农田水利，从土壤肥料、选种、播种、果木嫁接、防治害虫、改良农具到食品加工、纺织手工业等都作了全面论述。《农政全书》按内容大致上可分为农政措施和农业技术两部分，基本上囊括了古代农业生产和人民生活的各个方面，而其中又贯串着一个基本思想，即徐光启治国治民的"农政"思想。正因为它是一本综合性的农科著作，所以叫《农政全书》。此书保存、总结和发展了我国古代劳动人民的农业生产经验和技术。书中引录了229种古代和同时代的著作及文献，集中了我国古代农书的精华，使不少已经散佚的文献因此而得以部分地保存下来。

徐光启除了编撰《农政全书》，在任礼部左侍郎期间，还主持编译了《新法算书》。当时明代用的是大统历，基本承袭元代郭守敬的《授时历》，这个历法推算日食、月食已不准确，于是徐光启奏请朝廷开设历局，决心修改旧历，制定出一个"会通"中西、"超胜"西方的历法。历局成立后，徐光启一方面翻译西方历书，亲自拟定新订历法的编写大纲，规定历

《农政全书》中的水转翻车

法的内容为"节次六目"和"基本五目";另一方面加强对天象的实际观测,只要遇到日食、月食一定要预先推算,并且亲自到观象台上观察候验,以取得准确的观测资料。一天晚上,为了推算冬至时刻,他不慎从观象台上跌下,摔伤了腰膝,几乎不能动弹,但他仍以顽强的意志坚持工作。经过五年的努力,《新法算书》基本完成。这套丛书包括《测天约说》、《浑天仪说》、《恒星历指》等30多种书籍,可以说是17世纪前半期的一部天文历学的大丛书。因为这些书完成于崇祯年间,因此后人统称为《崇祯历书》。该书明末曾经刻印,但印数不多,清初由汤若望删改为103卷。后来因为避讳"崇祯"二字,因此称为《新法算书》,后又改名为《西洋新法历书》。这部历书崇祯时未被推行,到康熙年间才被采用。尽管如此,徐光启在天文学方面所做的贡献仍然是巨大的,它奠定了我国以后300年历法工作的基础。

明清时期西方科技的传入

公元1626年正月,努尔哈赤率兵13万进攻明朝,长驱直指四虚无援的孤城宁远(今辽宁兴城)。后金兵步骑蜂拥进攻,万箭齐射城上,但明军凭坚城护卫,11门西洋大炮不停地发射,后金兵死伤无数,损失惨重。

一场恶战打了三天，宁远城岿然屹立，明军取得与后金交战八年来的首次重大胜利。努尔哈赤败回沈阳，叹道："我自25岁征伐，战无不胜，攻无不克，为何小小宁远一城不下？"半年后，努尔哈赤便在忧愤交加中去世。

　　很显然，西洋大炮在这场战役中起到了决定性的作用。不过明朝人怎么会使用西洋大炮呢？这是一个名叫利玛窦的意大利传教士教的。

　　利玛窦1552年出生于意大利马切拉塔地区一个贵族家庭，青年时曾求学于罗马神学院。他在研究神学的同时，曾得到著名的数学家克拉维斯等名师的指教，相当广泛地涉猎了自然科学的各个领域。明朝万历十年(1582)，他作为第一个赴华传教的耶稣会教士来到中国。

　　利玛窦发现当时的中国士大夫最感兴趣的并不是关于上帝的说教，而是未曾见过的奇异技术，于是他就有意识地利用科学传教，向中国人展示了一个新奇而富有吸引力的世界。他向官员赠送天球仪、地球仪、钟表、日晷、星盘、象限仪和纪限仪等，指导求教者制作天文仪器，还用星盘和其他仪器测定一些地方的地理位置，用象限仪测塔的高度和山谷的深度等。

　　利玛窦在中国士大夫中交了不少朋友，其中最著名的是徐光启。当时辽东后金给明朝的压力越来越大，徐光启在与利玛窦的交往中，认识到葡萄牙、荷兰这些欧洲小国能成为军事强国，依靠的利器之一就是火炮，于是他就先后从澳门购买了西洋大炮约30门。正因为有了这些火炮，明王朝才在宁远之战中逃过一劫，并得以延续了18年。

　　西方数学知识的传入，应首推利玛窦与徐光启翻译的《几何原本》，该书中所表现的严格的定义、完整的结构、一贯的演绎法、纯几何证明等，都是中国传统几何学所没有的。如三角形的性质、两个三角形全等、一般三角形相似的黄金分割等都是新课题。他们两人合译了《测量法义》一书，说明测量高深广远的方法。

利玛窦还与李之藻翻译了《同文算指》《乾坤体义》，其中讲述了比较图形关系的几何学，包括多边形、多边形与圆锥体与棱柱体、正多面体浑圆与正多面体之间的关系等。

天文学方面的知识也以利玛窦的传播最早。1584年，他在广东肇庆展览了浑天仪、天球仪、日晷、地球仪等。向当地官员和知识分子讲解基督教推算日历的方法。1595年在南京利玛窦又制造了象限仪、纪限仪，并向观众讲解相关知识与使用方法。

1601年，利玛窦回到北京后，又在天主教堂展览千里镜、地球仪、简平仪等天文仪器，并与李之藻联合撰写了《乾坤体义》《经天该》等书。书中介绍了地圆论、日球大于地球、月球并不发光等知识。

汤若望和罗雅谷在1630年奉诏参加《崇祯历书》的编修工作。他们采用西法推日月食，常准确无误。1646年，汤若望将《崇祯历书》改编为《西洋新法历书》，其中采用第谷体系和几何学计算方法，同时也涉及伽利略在天文学上的新发现，使欧洲古典天文学知识得以在中国传播。

西方地学知识的传入，以地图的影响最大。明万历十一年（1583），利玛窦在广东肇庆第一次展出了他的世界地图——《坤舆万国全图》。为了迎合中国人的喜好，地名都译成了中文，并且将中国摆在中央，画得十分详细精确。此图一刊出，顿时受到了当时士大夫们的喜爱，人们争相传阅。不久，神宗皇帝也知道了，请利玛窦到皇宫去也绘制一幅。皇帝对这幅地图爱不释手，每天晚上都要看过地图才去睡觉，还屡次召利玛窦进宫讲解。

利玛窦制作的世界地图《坤舆万国全图》是中国历史上第一个世界地图，在中国先后被十二次刻印。而且问世后不久，在江户时代前期被介绍到了日本。该地图使得日本人传统的崇拜中国的"慕夏"观念发生根本性的变化，对日本地理学的发展有着很重要的影响。北极、南极、地中海、日本海等词汇都出自这幅地图。这幅地图有东西两半球、五大洲、经纬度、赤道、南北极和海洋,中国人第一次知道了世界的大体轮廓。康熙皇帝十分重视地图的绘制,他利用在华传教士的技术力量,采用西方先进的测绘理论和方法,发起了全国范围的地图绘制工作。

传教士雷孝思、白晋和杜德美参加了测绘工作,从康熙四十七年(1708)开始,至康熙五十六年(1717)完成,全部测绘资料由杜德美绘成全图,命名为《皇舆全览图》。它采用的是正弦曲线等面积为圆柱投影,即桑逊投影,比例尺为 1:140 万。其后的《雍正十排图》和《乾隆十三排图》均在它的基础上绘制而成。法国皇家首席地理学家唐维尔所绘《中国新图册》也依据康熙的《皇舆全览图》绘制。

传教士在测绘工作中直接使用西方的测量法。他们在细致的测量工作中,还发现了地球为扁球体的证据。18 世纪初,牛顿的地球扁圆说与卡西尼的长圆说正在争论。我国实测数据证明了牛顿扁圆说的正确,这也是世界科学史上值得称道的科学成就。

此外,明清时期还从西方传入了物理学和生理与医学知识。瑞士籍耶稣会传教士邓玉函写的《远西奇器图说录最》一书详细介绍了西方物理学知识。汤若望的《远镜说》最早介绍了光学知识。在生理与医学方面,邓玉函撰译的《泰西人身概说》是最早向我国介绍西方生理学、解剖学知识的书籍。全书论述了人体骨骼系统、肌肉系统、循环系统、神经系统、感觉系统的构造与功能。

西方科技的传入在一定程度上增加了中外科技文化的交流,给闭塞的明清政府带来了一些新鲜空气,但这并没有改变腐朽的封建大厦将欲塌陷的危机。而此时的欧洲,不仅完成了资产阶级革命,而且完成了产业革命,生产力飞速发展。

中国近代化学学科建设的先驱徐寿

在中国,系统地介绍近代化学的基础知识大约始于 19 世纪 60 年代,以布衣为生的徐寿在此方面做了大量的工作,被人们公推为中国近代化学学科建设的先驱。

徐寿于清嘉庆二十三年(1818)出生于江苏无锡一个名门望族世家。但不幸得很,他5岁时父亲便去世,17岁时母亲又与世长辞。幼年丧父、家境清贫的生活养成了他吃苦耐劳、勤奋刻苦、顽强坚毅、勇于进取的性格与品质。

青少年时,徐寿学过经史,研究过诸子百家,常常表达出自己的一些独到见解,因而受到许多人的称赞。然而他参加院试时却没有成功。面对严酷的现实,他不得不重新思考今后的人生道路。当时的中国正处于激烈的社会大动荡之中,古老的中国正一步步地沦为半殖民地半封建社会。伴随着帝国主义列强的坚船利炮,西方的自然科学知识也开始在中国传播,客观上打开了先进知识分子的眼界。怀着科学救国的思想,徐寿毅然放弃了通过科举做官的打算,走上了与科学结缘的艰难之路。

咸丰三年(1853),徐寿怀着探求新知识的美好理想,与同乡华蘅芳结伴去上海搜求书籍,专门拜访了当时在西学和数学上已颇有名气的李善兰。他们虚心求教、认真钻研的态度给李善兰留下了很好的印象。这次从上海回乡,他们不仅购买了许多书籍,还采购了不少有关物理实验的仪器。

咸丰六年(1856),徐寿再次到上海,读到了墨海书馆刚出版的、英国医生合信编著的《博物新编》的中译本。这本书的第一辑介绍了诸如氧气、氮气和其他一些化学物质的近代化学知识,还介绍了一些化学实验。这些知识和实验引起了徐寿的极大兴趣,他依照学习物理的方法,购买了一些实验器具和药品,根据书中记载,边实验边读书,加深了对化学知识的理解,同时还提高了化学实验的技巧。徐寿甚至独自设计了一些实验,表现出他的创造能力。坚持不懈地自学,实验与理论相结合的学习方法,终于使他成为远近闻名的掌握近代科学知识的学者。

同治元年(1862)初,经曾国藩向朝廷保荐,徐寿携年仅17岁的次子徐建寅和好友华蘅芳一起,应聘赴安庆军械所主持科学工作。他接受的第一项任务就是试制机动轮船。他根据自己所学到的知识和对外国轮船进行实地观察,经过三年的努力,独立设计制造出我国第一艘以蒸汽为动力的木质轮船——"黄鹄"号。

江南制造局翻译馆旧址

　　同治六年(1867),徐寿又被派往上海江南机器制造总局。他到任不久,根据自己的认识,提出了办好江南机器制造总局的四项建议:"一为译书,二为采煤炼铁,三为自造枪炮,四为操练轮船水师。"徐寿认为,要办好四件事,首先必须学习西方先进的科学技术,译书不仅使更多的人学习到系统的科学技术知识,还能探求科学技术中的真谛即科学方法、科学精神,所以他把译书放到了首位。同治七年(1868),徐寿在江南机器制造总局内专门设立了翻译馆。译馆除了招聘包括傅雅兰、伟烈亚力等几个西方学者外,还召集了华蘅芳、季凤苍、王德钧、赵元益等略懂西学的人才。从同治七年(1868)成立翻译馆至光绪十年(1884)徐寿去世时,以他为主翻译、校阅、著述的著作共 30 余部,总字数达 300 余万。

　　徐寿在翻译馆从事译述工作期间,给予近代化学以极大的关注。他先后翻译了 7 部化学著作。他的《化学鉴原》6 卷,是讨论普通化学的著作,对化学的一些基本理论以及许多重要化学元素的性质作了简要的论述。《化学鉴原续编》24卷,专讲有机化学知识。《化学鉴原补编》7卷,主要讲无机化学知识。《化学考质》8卷,重点介绍化学的定性分析。《化学求数》16卷,着重讲化学的定量分析。《物体遇热改易记》4卷,主要介绍物理、化学的初步知识。另有一部《化学材料中西名目表》。其中的前五种、最后一种和由他儿子徐建寅翻译的《化学分原》一书,被上海玑衡堂汇编成集,取名《化学大成》出版,被称为当时图文并茂的化学巨著。这些译著为中国近代化学和化工产业的发展奠定了基础。

在翻译过程中,徐寿首创了从西方首音或次音译元素名称的造字法,不仅对已知元素作出了满意的命名,而且为以后新发现的元素的译名提供了依据。由他所译定的64个元素中,有44个译名一直沿用至今。此外,徐寿在翻译中所创造的许多科学名词,大部分也为今人所采用。徐寿对西方近代化学知识的系统传播,使他成为中国近代化学学科建设的先驱,并对日本近代化学的发展也产生了有益的影响。

为了传授科学技术知识,光绪二年(1876),徐寿与英国人傅雅兰等人在上海成立格致书院。这是我国第一所教授科学技术知识的场所。书院开设矿物、电务、测绘、工程、汽机、制造等课目,同时定期举办科学讲座,讲课时配有实验表演,收到较好的教学效果。格致书院从创办至停办前后将近四十年,不但开创了中国近代科学教育风气,培育了一批优秀的科技人才,系统地传播了近代科学知识,而且对中国近代的科学教育起到了很好的示范作用,推动了中国近代科技教育事业的发展。以后相继成立的厦门的博文书院和宁波的格致书院,就是效仿上海格致书院的模式而创办起来的。

在格致书院开办的同年,徐寿等人创办发行了我国第一种科学技术期刊——《格致汇编》。刊物开始为月刊,后来改为季刊,实际出版了7年,介绍了不少西方科学技术知识,对近代科学技术的传播起了重要的推动作用。

中国近代科学先驱李善兰

李善兰是清代数学家。他不仅创造了著名的"李善兰恒等式",著有我国第一部精密科学意义上的弹道学著作《火器真诀》,而且在级数、对数、数论和微积分等数学领域都有独到的创造。同时,他还翻译了欧几里得的《几何原本》后9卷,以及西方近代数学、天文学、力学和植物学等方面几十部科学著作,十分贴切地创译了一大批科学名词,为介绍和传播西方近代科学知识,推动我国近代科学的发展作出了巨大贡献。

李善兰从小受到良好的家庭教育,他天资聪颖,又勤奋好学。9岁那年,他偶然读到《九章算数》,马上被其中新奇的知识吸引住了,没多久就把全书246个应用题全都做了出来。14岁的时候,他又自学了欧几里得《几何原理》前6卷,这使他对数学的兴趣日益浓厚。

李善兰一生淡泊利禄,潜心科学。年轻时他曾去杭州参加过一次乡试,因八股文做得不好,落第而归。但他毫不介意,却利用在杭州的机会,在旧书摊上发现《测圆海镜》和《勾股割圆记》两本数学名著。他如获至宝,立即把这两本书买回家,悉心研读。他在中国传统数学垛积术和极限方法基础上,发明了"尖锥术",并据此提出"对数论"这一独创成果,受到西方学者高度评价。

道光二十四年(1845),李善兰结识了江浙一带数学家顾观光、张文虎、汪曰桢等人,他们经常聚在一起研究数学问题。李善兰还经常与外地的数学家罗士琳、徐有壬等通信,切磋学术。咸丰二年(1852),李善兰进入上海墨海书馆,结识了英国学者伟烈亚力·艾约瑟、韦廉臣等人,共同探讨数学。在入墨海书馆译书之前,李善兰已是一位既具有传统数学功底,又对西方数学有所研究的学者。正因为如此,伟烈亚力对进入墨海书院的李善兰高深的数学造诣钦佩不已。李善兰与伟烈亚力合作翻译了《几何原本》

后 9 卷、棣么甘的《代数学》以及罗密士的《代微积拾级》,对西方近代数学作了系统介绍,《代数学》更是我国第一部符号代数学译本。与此同时,李善兰又翻译了《重学》《谈天》《植物学》,第一次向我国介绍西方近代物理学、天文学、植物学的最新成就。在历时 8 年的翻译工作中,他尽心竭力,译文达七八十万字。其中大量科学名词无先例可参考,他反复衡量,仔细斟酌,创译了一大批科学名词,如代数、函数、指数、微分、积分、轴、坐标、切线、方位、自行、摄动、光行差、分力、合力、质点、细胞,等等。这些名词一直沿用至今,为我国近代科学的传播和发展作出了贡献。

在天文学方面,李善兰与伟烈亚力合译了赫歇耳的《天文学纲要》,中译本名为《谈天》,于 1859 年出版。该书共 18 卷,全面介绍了当时天文学的各个方面,如天体测量学、天体力学、太阳系诸天体的运动和性质、恒星天文学、银河系和河外星云、历法等知识。《谈天》还首次向中国介绍了一系列天文学的新发现,如恒星周年视差、光行星、小行星、天王星、海王星等,使近代天文学第一次系统地传入我国。李善兰自己对天体椭圆轨道运动的解算法问题也进行了研究,著有《椭圆正术解》2 卷、《椭圆新术》1 卷、《椭圆拾遗》3 卷。其中最主要的是他第一次在中国使用了无穷级数来求解开普勒方程。在所著《天算或问》中,摘要编进了他跟学生答疑的 20 个数学及天文学问题,其中有一条是他改进了恒星子午线观测纬度的方法和计算公式。

咸丰十一年(1861),李善兰应曾国藩之邀入安庆军械所,后又至南京主持金陵书局,积极从事与洋务新政有关的科技学术活动。同治三年(1864)七月,李善兰向曾国藩提出刻印自己的译著和所有数学书籍的要求,得到允诺。次年,《几何原本》在南京出版。此后,又出版了《则古斋算学》24 卷。在安庆军械所,李善兰还写作了《火器真诀》,这是我国第一部弹道学著作。

同治七年(1868),李善兰赴北京任同文馆天文算学总教习、户部四品衔广东司郎中、总理衙门章京。京师的许多高官、名士都主动与他交往，但他却淡泊利禄，从未离开同文馆，也从未中断学术研究。同治十年（1871），李善兰发表了我国第一篇关于素数的论文《考根数法》，不仅证明了费尔马定理，而且指出了它的逆定理不存在。在《垛积比类》中，为解决三角自乘垛的求和问题而提出的一个恒等式，被国际间命名为"李善兰恒等式"。对于"李善兰恒等式"，著名数学家华罗庚十分推崇，并在《数学归纳法》中加以引用。李善兰是我国近代教育史上第一位数学教授，在同文馆任教的 10 余年间，他悉心培育了上百名科学人才。

李善兰毕生沉迷于科学。据说他年轻时，在洞房花烛之夜，还独自一人悄悄登上阁楼进行每天例行的天象观察，至今传为美谈。光绪八年（1882），他逝世前几个月，还着手编著《级数勾股》2 卷。

李善兰对训诂词章也有研究，并且善于作诗。年轻时常与称为"鸳湖吟侣"的诗友相唱和。道光二十二年（1842），英国侵略军攻陷乍浦，他满怀悲愤写下了控诉侵略者的诗篇《乍浦行》《刘烈女》《汉奸谣》等，表达了他的爱国热忱。他的诗作集有《则古昔斋遗诗》1 卷。

李善兰的墓在海宁牵罾桥东北，故居尚存。1982 年 10 月，中国科学技术文学会在杭州举行学术讨论会，纪念李善兰对中国近代科学发展作出的杰出贡献。

大数学家华罗庚

华罗庚是在国际上享有盛誉的数学家，他的名字在美国施密斯松尼博物馆与芝加哥科技博物馆等著名博物馆中，与少数经典数学家列在一起。他曾被选为美国科学院国外院士、第三世界科学院院士、联邦德国巴伐利亚科学院院士，又被授予法国南锡大学、香港中文大学与美国伊利诺伊大学荣誉博士。

华罗庚小时候很调皮、贪玩，但很有数学天赋。一次，数学老师出了一个中国古代有名的算题——有一样东西,不知是多少:3 个 3 个地数还余 2;5 个 5 个地数还余 3;7 个 7 个地数还余 2。问这样东西是多少? 题目出来后,同学们议论开了,谁也说不出得数。老师刚要张口,华罗庚举手说:"我算出来了,是 23。"他不但正确地说出了得数,而且算法也很特别。这使老师大为惊讶。

可是,这个聪明的孩子,在读完中学后,因为家里穷,从此失学了。他回到家里,在自家的小杂货店做生意,卖点香烟、针线之类的东西,替父亲挑起了养活全家的担子。然而,华罗庚仍然酷爱数学。他不能上学,就自己想办法学。一次,他向一位老师借来了几本数学书,一看,便着了魔。从此,他一边做生意、算账,一边学数学。有时看书入了神,人家买东西他都忘了招呼了。晚上,店铺关门以后,他更是全心全意地在数学王国里尽情漫游。一年中,他差不多每天都要花十几个小时,钻研那些借来的数学书。有时睡到半夜,想起一道数学难题的解法,他准会翻身起床,点亮小油灯,把解法记下来。正是这时,他得了伤寒病,躺在床上半年,总算捡回了一条命,但左脚却落下了终身残疾。

在贫困交加中,华罗庚仍然把全部心血用在数学研究上。经过坚持不懈的努力,他的《苏家驹之代数的五次方程式解法不能成立的理由》论文,被清华大学数学系主任熊庆来教授发现,邀请他来清华大学;后来华罗庚又被聘为大学教师,这在清华大学的历史上是破天荒的奇事。

由于左腿残疾,华罗庚走路要左腿先画一个大圆圈,右腿再迈上一小步。对于这种奇特而费力的步履,他曾幽默地戏称为"圆与切线的运动"。在逆境中,他顽强地与命运抗争,誓言是:"我要用健全的头脑,代替不健全的双腿!"凭着这种精神,他终于从一个只有初中毕业文凭的青年成长为一代数学大师。

华罗庚研究范围非常广泛,但主要从事解析数论、矩阵几何学、典型群、自守函数论、多复变函数论、偏微分方程、高微数值积分等领域的研究与教授工作,并取得了突出的成就。

20世纪40年代,华罗庚解决了高斯完整三角和的估计这一历史难题,得到了最佳误差阶估计(此结果在数论中有着广泛的应用),并且对G.H.哈代与J.E.李特尔伍德关于华林问题及E.赖特关于塔里问题的结果作了重大的改进,至今仍是最佳纪录。

在代数方面,华罗庚证明了历史长久遗留的一维射影几何的基本定理,并给出了具体的正规子体一定包含在它的中心之中这个结果的一个简单而直接的证明,被称为嘉当—布饶尔—华定理。

华罗庚一生写了大量的数学专著,其中有些早已被公认为数学名著,影响久远。如他的《堆垒素数论》,系统地总结、发展与改进了哈代与李特尔伍德、圆法、维诺格拉多夫三角和估计方法及他本人的方法,发表40余年来其主要成果仍居世界领先地位,先后被译为俄、匈、日、德、英文出版,成为20世纪经典数论著作之一。又如其专著《多个复变典型域上的调和分析》,以精密的分析和矩阵技巧,结合群表示论,具体给出了典型域的完整正交系,从而给出了柯西与泊松核的表达式。这项工作在调和分析、复分析、微分方程等研究中有着广泛深入的影响,曾获中国自然科学奖一等奖。此外,华罗庚还根据中国实情与国际潮流,倡导应用数学与计算机研制,曾出版《统筹方法评话》和《优选学》等多部著作并在中国推广应用,为中国经济建设做出了重大贡献。

另外,华罗庚作为一代数学大师,十分关心和支持数学教育事业。20世纪50年代,他亲自主持编写了我国第一套中学数学教材。他还热心倡导在中学开展数学竞赛活动。从1956—1979年,他多次担任北京市和全国中学数学竞赛委员会主任并亲自主持命题、监考、阅读和评奖等工作,特别是竞赛前,他常亲自给学生作报告,并将报告内容整理出版了几本数学通俗读物,如《从杨辉三角谈起》、《从祖冲之的圆周率谈起》、《数学归纳法》等,从而为数学教育事业和数学人才的培养作出了重大的贡献。

农业为先

新石器时期的水稻遗迹

水稻是亚洲人民的主要粮食,在世界各大洲都有栽培。中国是世界上栽种水稻最早的国家。早在6900多年前,中国就开始了水稻生产,栽培历史比水稻的另外两个起源地,即印度和印度尼西亚分别早3000多年和近4000年。

最古老的稻谷是1973年和1977年,在浙江余姚县河姆渡村新石器时代遗址中出土的炭化稻谷。在第四文化层中,发现在400平方米范围内有大量的稻谷、谷壳、茎秆及稻。经 C^{14} 同位素鉴定,距今已有 6700~6900 年。同时出土的还有一套专用的稻作农具。这些情况证明,当时稻作农业已不是萌芽状态,说明我国栽培稻米的历史还可以追溯得更久远一些。

丰收的水稻

我国水稻的生产技术和规模,从古至今不断提高和扩大。先秦的古籍中有许多地方讲到种稻,当时把稻米当做珍贵的粮食。有的地方还用稻米酿酒,其中涉及水稻内容最多的是年代较早而又比较可靠的一部诗歌总集《诗经》。如《小雅·白华》中说:"滮池北流,浸彼稻田。"《豳风·七月》中说:"八月剥枣,十月获稻;为此春酒,以介眉寿。"《小雅·甫田》中说:"曾孙之家,如茨如梁;曾孙之庾,如坻如京。乃求千斯仓,乃求万斯箱。黍稷稻粱,农夫之庆。"描述了水稻长势一片良好的丰收景象。在距今3000多年前殷墟遗存的甲骨文中,发现有卜丰年的"稻"字和穤(籼)、秔(粳)等不同稻种的原体字,以及关于水稻生产、丰歉的记录。所有这些记录都说明中国是最古老的种植水稻的国家。

我国水稻生产的发展是十分迅速的。公元前10世纪到公元前1世纪的1000年间,劳动人民大规模兴修水利、平土地、改洼地、造圩田,扩大水稻种植面积,提高栽培技术。1世纪时,水稻栽培已初具规模。东汉时,我国发明了水稻移栽,使水稻由直播发展到移栽。移栽需要育秧,因此2世纪左右,劳动人民又创造了水稻育秧技术。在长期种植水稻的生产实践中,劳动人民不仅提高了水稻栽培技术,而且还选育了许多类型各异、适应不同生态地区的水稻品种。最早的有关水稻选种技术,见于公元前1世纪的《氾胜之书》:"取禾种,择高大者,斩一节下,把悬高燥处,苗则不败。"西晋时期的《广志》记载水稻品种有13个。北魏《齐民要术》上记载的水稻品种有24个。到了宋代,水稻品种更多,并且出现"长腰、齐头、红莲、香子"等著名水稻品种。明清时期,选种技术进一步提高,明代水稻品种专著《理生玉镜稻品》详细地记载了明代嘉靖年间江苏苏州地区的水稻品种38个。到清代,《授时通考》上记载的水稻品种已达3400个了。

由于选种技术的提高,我国从南北朝时期,开始有了双季稻的栽培。至南宋,稻麦二熟制在整个江南迅速发展。明代以后,双季稻在南方普遍应用,并采用连作、间作、混作等栽培技术;福州地区已实行了双季稻与冬麦轮作的一年三熟制。我国古代劳动人民在水稻生产中创造并发展了稻田耕作农具,使水稻生产迅速发展起来。

中国是水稻的起源地,随着水稻栽培技术的提高,水稻在全世界广泛传播。大约在 3000 年前的周代,中国水稻开始北传朝鲜,南传越南。同时,我国的稻作技术传入菲律宾和印尼。大约在汉代,中国的粳稻东传日本。约在公元前 10 世纪,水稻传入非洲和欧洲,再由非洲传入美洲以至全世界。

神州大地的农事活动

中国从古至今都是农业大国。我国农事活动最早见于文字已经有 3000 多年了。我国古代农业在长期发展中,形成了精耕细作的特点。

春秋战国时期,我国农业生产已从粗放经营的阶段,进入精耕细作的新时期。现存最古老的农学论文《任地》中,已经提出合理使用土地的科学种田法"畦种法"。这种方法是"上田弃亩,下田弃圳"的栽培方法。"上田弃亩"是说在高田旱地或雨水稀少的地区,土壤墒情往往不足,因此要把庄稼种在沟里,可防风并减少水分的蒸发。这是一种"低畦栽培法"。"下田弃圳"是指低湿田,水分多,要把庄稼种在比较高而干燥的垄上,这是一种"高畦栽培法"。它们是根据不同的地势特点,通过比较合理的田间布置,以保证"上田"、"下田"都能得到充分利用的科学方法。西汉王朝建立后,实行奖励人口增殖、与民休息、轻徭薄赋、发展小农经济的政策。大量的荒地被开垦出来,流亡的农户也逐渐返归故土,促进了西汉前期的社会繁荣,汉武帝封丞相田千秋为富民侯,封赵过为搜粟都尉,推进新农具和农业技术改革。于是在战国时期"畦种法"的基础上,"代田法"和"区种法"相继产生了。

"代田法"是对大面积土地的利用并使之增产的方法。它适应干旱地区的耕作,其主要技术内容是:"播种于田川中,苗生三叶以上,稍耨陇草,因隤其土以附苗根……苗稍壮,每耨则附根,比盛暑,陇尽而根深,能风与旱。"黄河流域及其以北边区地带,雨量较少,尤其春旱多风。在地里开沟作垄,把种子播在沟里能保持住一定温度和水分,有利于出苗齐全。幼苗出土后在沟里,可减少叶面蒸发,生长健壮些。等到苗长起来后,进行中耕除草,并将垄上的土推到沟里,壅土苗的根部,使其能吸收更多水分,可耐风、耐旱和抗倒伏。第二年再以垄处作沟,沟处为垄,如此轮番利用。这种方法能保证幼苗得到较多的水分,苗壮成长,使植株扎根深,不畏风旱,不易倒伏,土地轮番使用,地力可得到恢复的机会。因此使用"代田法"精耕细作可达到"用力少而得谷多"的功效。汉武帝时期,"代田法"被广泛应用。《汉书·食货志》说:"边城、河东、弘农、三辅,太常民皆便代田。"

"区田法"是汉成帝时氾胜之所著农书《氾胜之书》中,记载的在小面积土地上获得高产的方法。西汉晚期,土地兼并日益严重,自然灾害频繁发生,因此就要争取最大限度地使用土地。农民在旱作区开荒和抗旱总结出了高产栽培方法"区田法"。"区田法"的基本原理是"深挖作区"、密植、集中而有效地利用水和肥料,加强管理,即在小面积土地上,使农作物充分发挥其最大的生产能力,以取得单位面积的高产。根据《氾胜之书》记载,区田的田间布置有两种形式,就是宽幅点播的区田和方形点播的区田。以方形点播区田为例,先深挖作区,方区的大小、深度、区与区之间的距离,依土壤肥瘠及栽培作物不同而有所差异。土壤肥沃,所作区数就多。"区田法"不受地形限制,它"以粪气为美,非必须良田也。诸山、陵,近邑高危、倾阪及丘城上,皆可为区田"。这对扩大耕地面积具有积极作用。区田不同于耕地,只需在区内深挖地、浇水、施肥,中耕除草也只限于区内。这样将人力、物力集中于所耕的方区内,能充分发挥小区土地的生产力,以保证作物生长良好,获得丰产。

"代田法"对增加生产、繁荣边地经济、巩固国防起了一定的作用,直至近代这一套生产技术仍在应用。"区田法"不可能在较大地区范围得到推广,因此它对我国农业历史的发展作用不如"代田法"显著。

最早的先进播种机具

我国最早的农具以石、木、骨、蚌器为主。原始社会的农业起初采用火耕法，用石斧、石刀等砍倒树木，放火烧掉，然后用尖木棒等掘地播种。庄稼成熟时用石刀、蚌镰收割。

随着农作技术的发展，我们的祖先在掘地用的尖木棒近尖端处，装一便于足踏的短横木，用来翻地，这就是单齿木耒。单齿木耒翻地面积小，效率低，后又加以改进，变单齿耒为双齿耒。在农业发展的过程中，又将耒齿改为板状刃，称作"耜"。

耒耜

耜冠最初是木质，后来改由石、骨、蚌质制作。耜冠形状有长方形、桃形和舌形等，耜柄仍为木制。耜类似今天的锹，已经是一种复合工具了。耜坚硬耐用，提高了翻地效率。当时我国北方以石耜为主，南方则骨耜居多。

在谷物加工方面，脱壳、去糠、磨粉用的工具有石磨棒、石磨盘等。《易·系辞》中说的"断木为杵，掘地为臼"，也是谷物脱壳的工具。

我国以石、木、骨、蚌器为主的最早的农具，使用时间很长。从原始社会一直到商周青铜器时代，它们都在农业生产中发挥了重要作用。

西汉初期，我国已有了简单的播

三腿耧车

种机具——耧车。不过,起初的耧车是一腿耧或两腿耧,效率不高。汉武帝时,任搜粟都尉的赵过对耧车加以改进,创制了能同时播种三行的三腿耧车,这是我国最早的先进播种机具。

三腿耧车由耧架、耧斗、耧腿等几部分构成。耧架是木制的,供人扶牛牵。耧斗是存放种子的,置于耧架的中间,分大小两格,大格放种,小格与播种调节门相通。耧腿是开沟用的小铁铧,中间是空的,有三只;每只耧腿的后部都有一个小孔,与耧斗小格上的播种调节门相通。调节门开口的大小可以控制,使大小不同的作物种子可以在一定时间内流出适合播种需要的数量。耧车前部附有驾牛用的辕,后部附有控制深浅的耧柄。播种时,一牛在前牵耧,一人在后控制耧柄,调节耧腿入土的深浅,在耧车耕进时,不断摇动耧柄,使种子均匀地从耧腿下方播入所开的沟内。耧车的后框上,还横放着一根与垄面接触的方木棍,在耧车耕进时可把犁出的土刮入沟内,覆盖播入的种子。可见,使用三腿耧车播种,能够把开沟、下种、覆盖三道工序结合在一起完成。

三腿耧车一次能播种数行,而且行距一致,下种均匀,大大提高了播种效率和质量。东汉崔寔的《政论》说它可"日种一顷",也就是一天耕种100亩,这比人力耕种要强数倍。三腿耧车发明之后,很快便得到了推广,西汉比较发达的农业和较强的国力与三腿耧车的普遍使用是分不开的。

三腿耧车的结构非常合理,几千年来很少改变。其基本结构与现代播种机的机架、种子箱、开沟器等部分的形状极为相似,功能也大致相同。可以说,我国2000多年前发明的三腿耧车是现代播种机的始祖。

多种形式的蔬菜栽培技术

黄河中下游是我国早期农业的基地之一,在这冬季寒冷干燥而又漫长的地区,自古能够做到全年均衡供应新鲜蔬菜,的确很不容易。为了争取多收早获,我国蔬菜生产除了露天栽培外,历代劳动人民还在生产实践中创造了保护地栽培、软化栽培、假植栽培等多种形式。像风障、阳畦、暖窖、温床以及温室等，到现在仍在沿用。

利用保护地栽培蔬菜，世界上当以我国为最早，至迟在西汉已经开始。《盐铁论·散不足篇》描写当时富人的生活享受有"冬葵温韭"，温韭就是经过加温培育的韭菜。《汉书·循吏传》说得更加具体，元帝竟宁元年（公元前33年）"太官园种冬生葱韭菜，覆以屋庑，昼夜燃蕴火，待温气乃生"，形象地描述了当时的宫廷为了在冬季培育葱韭菜蔬，盖了屋宇，昼夜不停地加温来生产的实况。根据传说，秦始皇的时候，在骊山已经能够利用温泉在冬季栽培出喜温的瓜类。到了唐代，对利用温泉的热能栽培蔬菜就有了比较确切的记载，这从王建（约769－约830）的诗"内园分得温汤水，二月中旬已进瓜"中可知一二。

元代《王祯农书》中，对利用阳畦生产韭菜有精确的记载："又有就阳畦内，冬月以马粪覆之，于迎风处随畦以蜀黍篱障之，用遮北风，至春其芽早出，长可二三寸，则割而易之，以为尝新韭。"这是说北方的菜农，在冬天作成阳畦，利用马粪来发热壅培旧韭菜根，在早春时节取得新韭。用阳畦生产比温室更加经济，产品就可供"城府士庶之家，造为馔食"了。

由阳畦、温室供应的蔬菜，在品种和数量上终归有限。冬季每天吃贮藏的萝卜、白菜，也显得有些单调。于是就有了更加简便的用软化栽培生产的黄化蔬菜。早在战国时期就已有被称做"黄卷"的豆芽菜了。宋代以后，孵豆芽发展成一套完整的技术。据林洪《山家清供》中"鹅黄豆生"一节的记载，可用黑大豆做豆芽菜，因为它"色浅黄名为鹅黄豆生"。豆芽菜是我国劳动人民的独特创造，它是使种子经过不见日光的黄化处理发芽做成的。黄豆、绿豆和豌豆都可以用来生芽。它不只清脆可口，而且营养丰富，所以深受广大人民群众的喜爱。

黄化蔬菜，不限于豆芽菜一类，韭、葱、蒜以至芹菜的秧苗都可以作黄化处理，其中韭黄一直受人珍视。宋代苏轼已经有"青蒿黄韭试春盘"的诗句。孟元老在《东京梦华录》里，也说到当时开封在十二月里，街头也有韭黄卖，可见韭黄至迟在北宋已经有了。关于温室囤韭黄的技术，《王祯农书》里讲得比较具体："至冬移根藏于地屋荫中，培以马粪，暖而即长，高可尺许，不见风日，其叶黄嫩，谓之韭黄。"

鲜菜贮藏除了常用的窖藏、埋藏外，还可以用假植栽培的方法。《齐民要术》卷九"藏生菜法"条中说：九月到十月中，在墙南边太阳可以晒到的阳处，挖一个四五尺深的坑，把各种菜一种一种地分别放在坑里，一行菜，一行土，行离坎一尺左右时就停止，上边盖上厚厚的秸秆，这样就可以过冬，要用就去取，和夏天的菜一样新鲜。这是利用类似阳畦的设施来贮藏保存的芹、油菜、莴苣一类的蔬菜。

巧夺天工的嫁接技术

在果树和经济林木的繁育上，嫁接有重要意义。因为这样的无性繁殖，比用种子的有性繁殖，不仅结果快，而且还能保持栽培品种原有的特性。同时，还能促使变异，培育新品种。嫁接技术在我国至迟到战国后期就已经出现。以后，《齐民要术》对有关嫁接的原理、方法，都有比较详细的记载。

《齐民要术》在《种梨篇》里指出：嫁接的梨树结果比实生苗快，方法是用棠梨或杜梨做砧木，最好是在梨树幼叶刚刚露出的时候。操作的时候要注意不要损伤青皮，青皮伤了接穗就会死去；还要让梨的木部对着杜梨的木部，梨的青皮靠着杜梨的青皮。这样做是合乎科学道理的，因为接木成活的关键在于砧木和接穗切面上的形成层要密切吻合。按《齐民要术》中说的，就是要求彼此的木质部对着木质部，韧皮部对着韧皮部，这样两者的形成层就紧密地接合了。

嫁接梨树，《齐民要术》中提到可供利用的砧木有棠、杜、桑、枣、石榴等五种。经过实践比较：用棠作砧木，结的梨果实大肉质细；杜差些；桑树最不好。至于用枣或石榴作砧木所结的梨虽属上等，但是接十株只能活一二株。由此可见，当时对远缘嫁接亲和力比较差、成活率低这个规律,已经有了些认识。我们今天知道梨和棠、杜是同科同属不同种,至于梨和桑、枣、石榴却分别属于不同的科。

为了突出说明用嫁接繁育的好处,《齐民要术》还用对比的方法,介绍了果树的实生苗繁育。书中指出,野生的梨树和实生苗不经过移栽的,结实都很迟,而且实生苗还有不可避免的变质现象,就是每一个梨虽然都有十来粒种子,但是其中只有两粒能长成梨,其余的都长成杜树。这个事实说明当时人们已经注意到实生苗会严重变劣和退化,而且有性繁殖还会导致遗传分离的现象。用接木这样的无性繁殖方法,它的好处就在于没有性状分离现象,子代的变异比较少,能够比较好地保存亲代的优良性状。

关于嫁接的方法,随着时代的推移也有了提高。《齐民要术》讲到的有见于《种梨篇》的一砧一穗或多穗的枝接法,有见于《种柿篇》的“取枝于梗枣根上插之”(梗枣就是软枣、黑枣)的根接法。元代《王祯农书·种植篇》中,总结出了以下六种方法:一身接,二根接,三皮接,四枝接,五靥接,六搭接。“身接”近似今天的高接;“根接”不同于今天的根接,近似低接;“靥接”就是压接。这个分法有依据不一致的缺点:有以嫁接方法分类的,如靥接、搭接;有以嫁接的砧木和接穗的部位分类的,如身接、根接、枝接等。但是他叙述得既简明而又条理细致,所以仍为后来的许多农书所袭用。有些接木名词作为专门术语,今天不只是在我国,甚至在日本也还有沿用。

正确掌握嫁接成活的技术关键,可以看作是嫁接技术提高的一个标志。明代徐光启在《农政全书》卷 37《种植》中说:接树有三个秘诀:第一要在树皮呈绿色就是还幼嫩的时候,第二要选有节的部分,第三接穗和砧木接合部位要对好。照这要求来做,万无一失。它简要而又确切地说明了嫁接的年龄、部位和应该注意的事。有节的地方分殖细胞最发达,选择这个部位是有科学根据的。

清代陈淏子《花镜》一书,对嫁接的生理做了探索。《王祯农书》里只是用"一经接博（缚），二气交通"这样概括的推断来说明内在的机制。而《花镜》却清楚地说："树以皮行汁，斜断相交则生。"它对嫁接成活生理机制的解释，符合砧木和接穗是通过两者木质部和韧皮部的营养输送而达到嫁接成活这一原理的。

嫁接牡丹

从唐宋时期起，嫁接的应用已经不限果树桑木，并且推广到花卉上。宋代周师厚的《洛阳牡丹记》里，就已有关于嫁接牡丹的记载。牡丹原产我国西北地区，它花大色艳，富丽多彩，深受人们喜爱。但据成书于汉魏之间的《本草经》记载，牡丹最初却是作为药用植物被人采摘的，到了隋唐时期才成为主要供观赏用的花卉来栽种。宋代除了用引种、分株和实生等方法，还采用嫁接来繁殖。嫁接的好处不只能产生新种，而且还能把新种很快繁殖起来。所以宋代牡丹的品种不仅多，而且花形花色的变化也更加复杂。当时洛阳还出现了一些靠嫁接牡丹为生的园艺专业户，以致"种花如种黍蜀，动以顷计"。嫁接的牡丹多已成为特殊的商品在市场上出售。嫁接的花卉除了牡丹，还推广到海棠、菊花、梅花，等等。这虽然是由于迎合文人雅士和官绅的兴致，但也反映出当时的劳动人民在园艺技巧上的非凡成就。达尔文在《动物和植物在家养下的变异》一书中指出："按照中国的传统来说,牡丹的栽培已经有一千四百年了,并且育成了二百到三百个变种。"在这些变种中,就有许多是靠嫁接获得的。

蚕,开拓了丝绸之路

蚕是世人公认的益虫。

用蚕丝织成的绫罗锦缎,给人类的生活增添了光彩;由它开拓的"丝绸之路",打开了中西文化交流的大门;蚕丝的利用揭开了人类生活的新篇章……从古至今,许多人都在称赞蚕为人类作出的巨大贡献,其中最有代表性的是唐代李商隐《无题》诗中的两句:

> 春蚕到死丝方尽,
>
> 蜡炬成灰泪始干。

中国是世界上最早养蚕和生产丝织物的国家,这是举世公认的事实。大量的古代文献和出土文物,证明了我国养蚕的历史是极其悠久的。早在原始社会,我们的祖先就会利用野生蚕的蚕丝了。20世纪70年代,考古工作者在浙江省余姚县河姆渡村发掘出一座距今7000年前的原始社会遗址,其中有不少是纺织用的工具,如纺轮、骨针、织网器、木卷布棍、骨机刀、木经轴……证明那时已经有了简单的纺织机了。有趣的是,在发掘出来的一个椭圆形牙雕小盅上,刻有一圈蚕纹和编织纹的图案。这幅奇特的雕刻揭示了一个秘密:7000年以前我国人民已经会用蚕丝纺织绢帛了。在其他地方出土的古代遗物中,也屡见绢片、丝带、丝线的残存。尤其是著名的马王堆汉墓出土的丝织品,薄如蝉翼,色彩斑斓,显示了蚕丝生产的高超技艺。

专家们认为,我国早在5000年前,即传说中的三皇五帝时代,已经把野生蚕驯化为家蚕了。到殷商时期,织出的丝绸已比较精美了。秦汉以后,养蚕已成为不可缺少的农事活动。也就在这个时候,中国的丝绸开始输出国外,绵长的蚕丝带去了古老的东方文明……

朝鲜是我国的近邻,中朝两国人民很早就密切往来,因此我国的蚕种和养蚕方法早在公元前11世纪就已传到了朝鲜。日本的养蚕方法,是在秦始皇的时候从我国传入的。后来,日本又多次派人到中国取经,招收中国技术人员去日本传授经验,这些大大促进了日本养蚕业的发展。

公元7世纪,养蚕法传到阿拉伯和埃及,10世纪传到西班牙,11世纪又传到了意大利。15世纪蚕种和桑种被人带到法国,从此法国开始有了栽桑养蚕丝织的生产。英国看到法国养蚕获大利,便仿效法国,于是养蚕生产又从法国传到了英国……

我国古代劳动人民生产的丝绸,很早就运往波斯(今伊朗)、罗马等地。公元前138年,汉武帝派遣张骞出使西域,最远曾到达中亚及西亚。我国古代的丝绸,大体就是沿着张骞通西域的道路,从昆仑山脉的北麓或天山南麓往西穿越帕米尔,经中亚、西亚,再运到波斯、罗马等国。这就是闻名世界的"丝绸之路"。后来,蚕种和养蚕的方法,也是经"丝绸之路"传到阿拉伯、非洲、欧洲去的。秦汉时期,我国的丝织品在中亚、西亚,特别是罗马帝国极为盛行。据西方历史记载,罗马恺撒大帝曾经穿过一件中国丝袍在剧场观戏,引起全场观众的羡慕,被看做是绝代的豪华。他们把中国的丝绸看作光辉夺目的珍品,都以能穿上这种珍品为殊荣。

中国丝绸的品种十分丰富,根据织法和花纹的不同可以分为绸、缎、绫、罗、锦、纱、绒等,各品种又有若干花色花样,或明如春光、或淡如积水、或古色古香、或富丽堂皇、或雍容华贵、或典雅大方,深受世界各国人民的喜爱。

彪炳千秋的古代农书

北魏贾思勰编写的《齐民要术》是我国现存最早的一部完整的农书。书名中的"齐民"指平民百姓,"要术"指谋生方法。该书系统地总结了6世纪以前我国北方的农业生产和农业科学技术,对后世农学影响很大,是世界科学文化宝库中的珍贵典籍。

贾思勰生活在北魏政权由兴盛转入衰亡的时代,出于维护北魏政权的目的,他总结了历史上的重农思想,引证历史经验,希望北魏统治阶级注意发展农业生产。他查阅文献160多种,收集了大量科学资料,同时还收集不少农谚,亲身实践,总结了当时黄河中下游地区的农业生产经验,写成著名的农学著作《齐民要术》。这部书共11万多字,正文10卷,92篇,书前还有《自序》和《杂说》各1篇。全书内容十分丰富,包括农、林、牧、副、渔各个方面。

《齐民要术》在农学方面的成就,主要有以下几个方面:

第一,深刻阐明了我国古代因时制宜、因地制宜的先进农业生产思想。贾思勰把农业操作时间,按照不同作物分为上、中、下三时,如种谷子,二月上旬是上时,三月上旬是中时,四月上旬是下时。他把地也分为上、中、下三等,如谷子以绿豆、小豆为底是上,以麻、黍、胡麻为底是中,以芜菁为底是下,而且同一作物因土壤等条件不同和时间的不同,播种也应该有所不同。书中还系统地记述了在不同天时、地利情况下的不同耕作方法和耕地深浅度。按时间不同分为春耕、夏耕、秋耕和冬耕,按先后顺序分为初耕和转耕,按深浅分为深耕和浅耕、逆耕,按方向分为纵耕和横耕。

第二,根据北方冬季寒冷,不宜农作物生长这一气候特点,贾思勰首先总结出"秋耕欲深,春夏耕欲浅"的方法。因为深耕可以把生土翻到地面上,经冬天风化而变熟,使熟土层加厚,增加地力;春夏耕后要马上播种,耕深了把生土翻到上面来,反而对作物不利。春播前后怎样保持土壤中的水分是增产的关键。他指出"凡耕高下田,不问春秋,必须燥湿得所为佳。若水旱不调,宁燥不湿",这是因为燥耕时土壤成块,但一遇到雨水就会松散,湿耕则干后结成硬块,几年都搞不好。耕地后把地磨平,中耕除草,可以防旱保墒,以及抢墒播种等经验,也是贾思勰总结出来的。

第三，为了保持和提高地力，《齐民要术》记载了"用地养地"技术。首先，贾思勰根据作物特性分出哪些可以轮作，哪些不能，并且总结出一套轮作法，指出豆类作物是良好的前茬作物。其次，书中肯定了绿肥作物的肥效，指出："凡美田之法，绿豆为上，小豆、胡麻次之。"轮作方法虽然产生很早，但对这方面进行总结，却是从《齐民要术》开始的。

第四，《齐民要术》对农作物品种有专门的论述。《种谷篇》中介绍粟的品种有86种。不同的品种各有特性，成熟有早有晚，产量有高有低，口味有美恶之异，有的耐旱、有的耐水、有的耐风等，人们可以按照天时、地宜和需要，选取合适的品种。

此外，《齐民要术》对果树嫁接、苗圃育苗等技术也做了总结。书中还介绍了饲养牲畜的各项措施，提出了要依据各种动物的生长特性，适其天性，进行管理。书中还收集兽医药方48种，包括外科、传染病、寄生虫病等，这是我国现存最早的有关兽医药学的记载。

总之，《齐民要术》不仅创造了前无古人的农学成就，而且为后代农学奠定了基础。书中记载的农业生产技术知识，有许多比世界其他各先进民族的记载要早三四百年，甚至一千年。《齐民要术》不愧为我国传统农学的经典！

五洲四海飘茶香

斗茶时节买花忙，
只选头多与干长。
花价渐增茶渐减，
南风十里满帘香。
楼台簇簇虎邱小，
斟酌桥边柳一湾。
三月绿波吹晓市，
荡河船子载花还。

喝茶能静心、静神,有助于陶冶情操、去除杂念。盛夏酷暑之际,品上一杯芳香扑鼻、沁人心脾的香茶,吟唱这首钱希言的《斗茶》诗,着实令人心旷神怡,别有一番雅趣。

古丈茶园风光

我国是茶的故乡,制茶饮茶有几千年的历史。早在远古时代就有"神农尝百草,日遇七十二毒,得茶而解之"的传说。相传在4000多年前,我国就用茶叶来治病。据《晏子春秋》记述,古代人还把茶作为珍贵的祭品。公元前59年王褒著《僮约》中有"脍鱼庖鳖,烹茶尽具"、"牵犬贩鹅,武阳买茶"之句。这是我国最早关于饮茶并以茶叶作为商品的记载。《神农百草经》还说,茶树"生益州川谷山陵道旁,凌冬不死,三月三日采干"。这表明在2000多年前,我们的祖先就已经发现茶树并开始利用了。随着人们对茶叶经济价值认识的提高,逐渐把茶树驯化成为栽培植物。

秦汉以来,随着农业生产的发展,茶区逐渐扩大,茶叶成了不可缺少的饮料。公元前350年,郭朴注《尔雅》已经明确指出,茶"是一种煎叶而成之饮料"。魏晋南北朝时代,植茶技术和饮茶风气遍及长江中下游。6世纪,茶区已扩展到沿海各省,西北地区和西藏等地的人们也开始饮茶。唐代中叶,饮茶之风盛行全国,对茶叶产地、品质、制作、饮法以至烹茶用具都十分讲究。据《封氏见闻》记载,到唐开元年间,从山东兖州、临淄,河北沧州，直至洛阳、长安，"城市多开店铺，煎茶卖之，不问通俗，投钱取饮"。可见，唐代饮茶已相当普遍。

758年，唐代陆羽著的《茶经》问世，这是世界上第一部关于茶叶生产的科学著作。陆羽是我国唐代复州竟陵（今湖北天门）人，一生嗜茶，精于茶道。

安史之乱后，他曾随着难民从山西渡过长江，沿着长江南岸对沿岸部分地区的江河山川、风物特产，尤其是茶园、名泉进行了实地考察。一路上，他逢山驻马采茶，目不暇接，口不暇访，笔不暇录，锦囊满获。他游历了宏伟壮丽的长江三峡，辗转大巴山，一口气踏访了彭州、蜀州、邛州、雅州等八州。760年时，陆羽又游览了湘、皖、苏、浙等地，于次年到达盛产名茶的湖州，在风景秀丽的苕溪结庐隐居，潜心研究茶事，闭门著述《茶经》。隐居期间，他常身披纱巾短褐，脚穿磨鞋，独自在山野中行走，深入农家，采茶觅泉，评茶品水，或诵经吟诗，杖击林木，手弄流水，迟疑徘徊。陆羽临终前有一首《六羡歌》："不羡黄金罍，不羡白玉杯；不羡朝入省，不羡暮登台；千羡万羡西江水，曾向竟陵城下来。"这首诗充分体现了他的人品像茶叶那般清纯。

《茶经》是我国劳动人民千百年来从事茶叶生产的经验总结，它对茶树生长，茶叶形状、名称、品质、制法、烹具等都有比较详细的论述，到现在仍有重要参考价值。自它问世以来，我国历代都有它的新版本，并被译成英、法、日等各种文字。作者陆羽深受后人推崇，被誉为"茶仙"，尊为"茶圣"，祀为"茶神"。

到了宋代，官府对茶叶开始实行征税和垄断贸易。当时在淮南产茶区设立13个"山场"，管理园户生产和买卖茶货；在长江北岸交通要地，设立三个"榷货务"，管理茶叶运输和贩卖。据《宋史·食货志》记载，北宋有35州产茶，南宋有66州产茶。茶树栽培已经成为当时的重要副业，而且出现了颇具规模的茶园。

我国植茶区域辽阔，全国近20个省都产茶，其中以浙江、安徽等省产量高,品质好。两千多年来,我国劳动人民在茶树栽培和育种方面,积累了丰富的经验。

唐代韩鄂著的《四时纂要》中,有关于茶园设置和栽培方法的详尽记述。书中指出:"种茶,二月中于树下或北阴之地开坎,圆三尺,深一尺,熟斸着粪和土,每坑种六七十颗子,盖土厚一寸,强任生草不得耘。相去二尺种一方,旱即以米泔浇。此物畏日,桑下竹荫地种之皆可。二年外方可耘治,以小便、稀粪、蚕沙浇拥之,又不可太多,恐根嫩故也。大概宜山中带坡峻,若于平地,即须于两畔深开沟垅泄水,水浸根必死。三年后每棵收茶八两,每亩计240棵,计收茶120斤。"这段文字说明我国早在1000多年前,茶树栽培已经达到很高的水平了。

我国劳动人民根据茶树生长发育的特点,创造了茶树穴播法。北宋《北苑录》说:"茶性恶水,宜肥地斜坡阴地走水处,用糠与焦土种之,每圈可种六七十粒……三年后可采叶,凡种相距二尺一丛。"实践证明,穴播对茶树生长发育、提高茶叶产量和增强抗逆性都有好处。古代还创造了茶树压条扦插和短穗扦插繁殖良种法,这些方法至今仍在国内外采用。

关于采茶,古代许多农书都有详细的论述。《茶经》说:"采不时,选不精,朵以卉莽,饮之成疾,茶之累也。"它指出要选茶树新梢伸长达一定程度再采摘,而且讲求用指甲而不用指头采茶,所谓"以甲速断不柔,以指则多温易损",就是这个意思。明代《屠隆茶笺》说:"采茶不必太细,细者芽初萌,而味欠足;不必太青,青则茶已老,而味欠嫩;须至谷雨前后,觅成带茶,微绿色而且厚者为上。"这种采茶标准和宜采时间,至今仍有重要参考价值。

从陆羽《茶经》问世以来,我国关于植茶经验的专著就有98种,非专著有20多种,对传播植茶技术起了重要作用。

我国是世界上产茶最多的国家之一。各类名茶名目繁多,诸如红茶、绿茶、乌龙茶、花茶等深受人们的喜爱,产品畅销世界。

中国茶叶向世界传播,是9世纪的事。日本僧人最澄禅师于805年带茶籽回日本,种于比睿山附近地方。第二年,空海弘法师来我国学习了青蒸法。

1728年,我国茶叶传到了印度尼西亚,1788年传到印度。1833年,中国的茶叶传到了俄国,不久,喝茶就成了俄国人的嗜好。1892年,中国的茶苗被运到了黑海,从此,茶成了俄国人能种植的饮料。

1610年,中国茶叶运到欧洲,先为荷兰和英国人所喜爱,到1700年以后,欧洲人饮茶已成风。1848年,中国的茶叶传到了斯里兰卡。

今天,中国的茶已传遍世界,成为世界各国人民不可缺少的三大饮品之一。

元代纺织技术大革新

她是一位伟大的女性,她对中国古代纺织业的贡献使她得到千千万万劳动人民的尊敬和爱戴。她又是一位平凡的女性,正史里没有一页关于她的记载,她甚至连正式的名字也没有,人们都叫她"黄道婆"。

黄道婆是松江府乌泥泾(今上海市徐汇区华泾镇)人。她大约出生在南宋末年,年轻时流落到崖州(今海南省崖县)。崖州在海南岛南端,那里是黎族聚居的地方。

黎族是我国较早种植棉花的民族之一。棉花在唐宋以前称"木棉",唐代南海一带棉织业已相当盛行。入宋以来,海南地区棉花种植的规模进一步扩大,棉织业更加发达。黎族妇女所生产的棉织物,以品种繁多、织工精细、色彩鲜艳而远近闻名。她们所织的精美的棉织品,不仅作为贡品入贡朝廷,而且还远销全国各地,成为当时全国棉纺织业的中心。

南宋末年,黄道婆从松江乌泥泾来到崖州,向当地的黎族妇女学习棉纺织技术。当时黎族妇女所织的黎巾、黎单、黎幕、黎筒、崖州被、鞍搭等名品,不仅浮海北上,远销杭州、汴京等市场,而且在长期的棉纺织生产实践中,黎族人民总结出了一整套先进的棉纺织技术,使海南地区成为当时棉纺织技术最为先进的地区。

黄道婆来到崖州后，与当地的黎族妇女朝夕相处，共同生活、共同劳动。她目睹当地的棉花加工和纺织工具比家乡要先进得多这一事实，便主动向黎族姐妹求教。在黎族同胞的精心传授下，再加上黄道婆本身心灵手巧，她很快就学会了当地植棉、轧花、弹花、纺纱、织布等技巧，掌握了各道棉纺和织布工序，成为了拥有精湛技术的纺织能手。

　　弹指之间，数十年已过，黄道婆已经成为一个名闻黎乡的汉人纺织能手。但她常常想念家乡的亲人、家乡的姐妹、家乡的山水，她多么想回到阔别已久的家乡啊！大约在13世纪末的一天，她告别了朝夕相处的黎乡人，告别了第二故乡，搭乘北上的海船，回到了令她魂牵梦绕的家乡——乌泥泾。

　　南宋年间，长江中下游一带人民已普遍种植棉花，并开始从事棉纺织业，然而工具简陋，操作麻烦，纺织效率极低。

　　黄道婆带着黎乡女子织布用的踏车、椎、弓等棉织工具和很多种美丽精巧的花纹图案，回到乌泥泾，开始靠一双勤劳灵巧的手织崖州被面、床单、花布赚钱来养活自己。

　　家乡的妇女们看到黄道婆织出来的布那样精美细致，纷纷赶来请教。每天黄道婆的门前总是熙熙攘攘，四面八方前来学艺的女子络绎不绝。黄道婆不辞辛劳，悉心教习，毫无保留地把她从崖州带回来的先进工具和先进的织布技术传授给大家。她还和姐妹们一起探究，创制出许多新的纺织工具，对棉织业进行了系统的改革，确立了"擀、弹、纺、织"一系列完整的棉纺织生产工序。

　　擀，即轧籽。以前，江南一带的人们仍用红肿的手指剥着棉籽，费时费力。黄道婆先教人们用铁杖擀棉去籽，以代替手剥去籽的又笨又慢的方法，工作效率果然提高了许多。后来，她又创制了一种搅车。搅车用一根直径较小的铁轴和一根直径较大的木轴以及一个摇把组成。两个轴转动方向一上一下正相反，而且速度一快一慢。使用时，把籽棉送往两轴之间的空隙，摇动把手，两轴相轧，籽落在里面，棉从外面出来。这样,机械操作代替了手剥去籽和擀棉去籽,效率大大提高了。

弹,即弹花,过去使用线弦小竹弓弹花,这种工具长约一尺,弹力很弱,是用手指拨弦弹棉花,事倍功半,效率很低。黄道婆把线弦小竹弓改制成绳弦大竹弓。这种大竹弓长四尺多,用弹椎敲击弓弦,弹力很强,力量很大,弹出来的棉花纯净洁白,不含杂质,而且松软柔和,均匀细致。用这种方法,一天可弹 6～8 斤棉花,功效比原来大大提高。

纺,即纺纱。老式纺车只有一个锭子,只能纺一根纱,黄道婆在此基础上创造了一种有三个锭子,可纺三根纱的脚踏式纺车,操作过程简便,省力省时,效率提高了三倍。这种脚踏式纺车是当时世界上最为先进的纺织工具。

织,即织布。传统的织布机设备简陋,操作麻烦,而且织出来的布色彩单调。黄道婆创制出一种新的织布机。织布时,可用不同色彩、各种各样的纱交错搭配在一起,织出来的布五彩缤纷,十分绚丽。

黄道婆创制的四种纺织工具在乌泥泾及邻近地区迅速得到推广。在乌泥泾,女子们都以织布为生,织布使她们摆脱了贫困。黄道婆和她的姐妹们所织的被面、床单、佩巾、案饰、幕布、褥单等织品远销全国各地,当时江南民间流传这样一句话"松郡棉布,衣被天下"。特别是她们织的乌泥泾被,色彩绚丽、美观大方,上面常常织有百鸟朝凤、龙凤呈祥、鸳鸯戏水等图案,看上去就像画出来的一样。乌泥泾被名闻天下,受到各地人们的喜爱。

在江南,有这样一首民谣唱道:

　　　　黄婆婆,黄婆婆。

　　　　吃是吃,做是做。

　　　　一天能织三匹布。

黄道婆以她的勤劳善良、聪明智慧赢得了千千万万人们的尊敬和感激。她早年受尽苦难折磨,被迫流落他乡,默默无闻地在黎乡一住数十年。当她再回到家乡时,已是白发苍苍的老人,正是"少小离家老大回,乡音无改鬓毛衰"。她有着善良的心灵、宽广的胸襟。她不愿家乡的姐妹们像她早年一样受苦受难,于是她教会了她们纺纱织布,用自己的灵巧双手织出一个美丽的人生。她生性随和,平易近人,虽然她一生孤苦伶仃,到老来仍是孑然一身,但是她有着那么多相亲相爱的姐妹,她们亲切地称她"黄婆婆"。

黄道婆去世的时候,乌泥泾的人们、远近乡里的人们都来给她送葬。为了纪念她改革棉纺织业的功绩,人们在乌泥泾镇上,为她修建了"黄母祠"、"先棉黄道婆祠",以此深深地怀念着这位平凡而伟大的女性。直到现在,在黄道婆的家乡还流传着一首歌谣:

黄婆婆,黄婆婆。

教我纱,教我布。

两只筒子两匹布。

东方神医

扁鹊的"四诊法"

读过《扁鹊见蔡桓公》这篇古文的人,都熟悉这个故事:扁鹊去见蔡桓公,告诉他有病在肌肉和皮肤之间。蔡桓公不信。十天后,扁鹊再见蔡桓公时说他的病已在肌肉内。蔡桓公仍不相信。又过十天后,扁鹊看见蔡桓公就跑,因为扁鹊已看出蔡桓公病入骨髓,不可救药,怕蔡桓公抓他治病。果然,蔡桓公不久便死了……那么,扁鹊是用什么方法诊断出来蔡桓公有病的呢?

原来扁鹊的诊断方法,就是中医学上著名的"四诊"之说。"四诊"的具体内容是"望、闻、问、切"。扁鹊是春秋战国时期的著名医生,约生于公元前5世纪。他姓秦,名越人,渤海鄚(今河北任丘县)人。因为他的医术可与黄帝时的良医扁鹊相比,因此当时人称他为"扁鹊"。扁鹊在诊断方面采用了切脉、望色、闻声、问病的四诊法,使当时对人体做客观检查的手段有了较大的进步。扁鹊尤其擅长望诊和切诊。据史书记载,晋国大夫赵简子突然患病,昏睡不醒长达五天,大家都很担心,专门请扁鹊来看病。扁鹊诊过脉后,说:"血脉流通正常,不必大惊小怪,不出三天就会好的。"两天半后,赵简子果然自己醒来。由此可见,扁鹊切脉手段的高明。在治疗上,扁鹊研究并熟练地掌握了当时已经得到普及与发展的砭石、针灸、按摩、汤液、手术、吹耳、导引等方法,收到了显著的效果。

《黄帝内经》记载,我国最早采用的诊脉方法要在人体的头部、手和脚上各选几处动脉来诊候,称为"三部九候法"。由于这种方法复杂烦琐,看病很不方便,尤其在封建礼教束缚下,给妇女看病时就会遇到更多的不便。所以诊脉的方法逐渐地演变为只取病人的"寸口脉",即手腕处的桡侧动脉。这种方法一直延续到现在。西晋的名医王叔和对历史上的脉学著作进行了系统的整理总结，著成《脉经》一书。《脉经》是我国现存最早的脉学专著，书中列举了二十四种脉象，对每一种脉象都做了简明扼要的概述。包括对心脏搏出量、动脉管的韧性和弹性、血液在动脉中流动的情况、血液黏稠度、心脉跳动的频率和节律、血管充盈度等内容。这些脉象基本上符合现代对血液循环系统特性的认识。《脉经》中明确规定两手的"寸口脉"都分为寸、关、尺三部分，医生用自己的食指、中指和无名指，以同样的力度去按这三部分，则可诊察人体各个脏器的情况。《脉经》奠定了中医脉学诊断的基础。此书曾由西藏传入印度，约在 10 世纪左右又从印度传入阿拉伯。17 世纪，《脉经》被翻译成外文出版，在世界上产生重大影响。

四诊中的望诊和切脉，其判断标准和精度有极大的主观色彩，取决于医生的医术和诊断经验。"闻"是指医生用耳和鼻去收集病人身体器官所透露的病因的信息。"问"是对病人及其家属进行必要的调查，以了解病史和某些难言之症。

"四诊"是中医特有的诊断手段，在现代医学中，四诊法在医学理论和临床实践中得到不断完善和发展。

张仲景和《伤寒杂病论》

东汉末年以来，在我国的中医学界有一部书作为中医的理论基础和临床指南，一直是学习中医并成为一名合格医生的入门之作。它不仅系统地总结了前代医学的宝贵经验，而且第一次确立了中医的"辨证论治"的原则，为独具中国特色的中医学理论奠定了核心基础，使得中华医学在当时及以后长期的临床实践中大放异彩。这部书就是《伤寒杂病论》，它的作者是被人称为"医圣"的东汉大医学家张仲景。

张仲景，名机，字仲景，河南邓县人。他从小爱好医学，10 多岁时就已读了许多书，特别是有关医学方面的书。汉灵帝时，张仲景被举为孝廉，做过长沙太守，所以有张长沙之称。张仲景仰慕扁鹊的医才，痛恨世人忽视医学，追求名利，竞逐权势的习俗。于是，他决心抛弃仕途，走上学医之路。

张仲景曾拜家乡名医张伯祖为师。由于他聪明好学，又刻苦钻研，所以很快便掌握了老师的精湛医术，并且在断病、用药、处方等方面提出了不少独到见解。他在给人看病时，一开始主要采用经方治疗的办法，即用前人传留下来的处方治病。为了能够对付各种病症，他非常注意搜集古人的处方和经验，经过多年的积累，他收集了大量"经方"，并利用这些处方治好了很多人的疾病，因此人们称他为"经方大师"。张仲景行医不仅在家乡一带，而且到荆州、襄阳、许昌、洛阳、修武等地为百姓解除病痛，所以深受百姓爱戴。

刻意的进取，辛勤的探索，使张仲景的医术日益精湛，甚至达到了传神的地步。张仲景在修武县行医时，结识了官居侍中的文学家王粲。王粲是著名的"建安七子"之一，当时只有20多岁，文采飞扬，风华正茂。但张仲景看他的脸色却发现了隐患，便说："你身体患病已有很长一段时间，如不及时治疗，40岁时眉毛就会脱落，再过半年后就会身遭不幸。你若现在服用五石汤，可免此难。"王粲听后，心中很是不快，觉得自己并无不适，而认为张仲景是自我炫耀，因此他不以为然。但张仲景出于医德和对朋友的关心，还是给他开了五石汤药方。王粲接受后没有服用。三天后，张仲景一见王粲便问："你服用五石汤了吗？"王粲随口说："服用过了。"张仲景仔细看了看他的脸色说："从你的气色看，你并未服用，你的面部颜色不是服用五石汤后应表现出的色泽，先生为何要轻视自己的生命呢？"王粲还是不太相信张仲景的话。果然，在王粲40岁那年，他的眉毛脱落了，半年后一病而亡。据后世医学家推测.王粲所患可能是麻风病，因为这种病潜伏期很长，且不易诊断，也不易治愈。张仲景能够根据脸色便看出王粲所患疾病，可见其医术高明。

由于张仲景的医术达到了出神入化的程度，在今天的南阳一带还流传着这个传说：有一天，张仲景为了采集配药所需的珍贵药材，便来到桐柏山的深处。正当他要挖一棵药时，忽然看见一个戴着草帽的老者向他求诊。他停下来给那人摸了摸脉象说："我有点不明白，为什么你的脉搏跳动像兽脉呢?"那人见张仲景说出此言,便道:"实不相瞒,我是峄山山洞中的一个老猿,早闻你的大名盛德,因久病不愈才来求治的。"张仲景听后,就取出一些丸药给了老猿,老猿服后即愈。第二天,那个人猿背了棵巨木找到张仲景说:"这是一株万年桐树,可用来做上好的琴,我无以为报,只能以此相赠。"张仲景不便推托就收下了。他用此木做了两把琴,一把取名古猿,一把取名万年。据说这两把琴琴声悠扬,一直传了很久很久。

张仲景之所以被尊为医圣,不仅是因为他医术高超,而且还因为他有十分高尚的医德。他以救人活命为己任,以"爱人知人、仁爱救人"为准则从事医疗诊治活动,为后世行医者树立了光辉的典范。

张仲景在诊断伤寒症时,不避污秽,仔细观察和嗅闻病人的血、痰、脓、便及呕吐物等。为求得治疗的最佳效果,他对配方置剂、药物炮制、煎服方法、服药数量、服药时间和服药后的注意事项都一丝不苟地嘱咐病人。

东汉末年,连年混战,瘟疫广泛流行。张仲景家族的 200 多人中,大部分死于伤寒。在我国古代科学不发达的情况下,伤寒是一种极其可怕的疾病。得病以后,上吐下泻,传染性强,发展迅速,死亡率很高。这不是指狭义的伤于风寒,而是从广义上指外感热性病,其中包括许多急性传染病在内。为了战胜伤寒这个恶魔,张仲景刻苦钻研了《素问》《九卷》《八十一难》《阴阳大论》等医学著作,广泛研究和吸取前人的宝贵经验,系统搜集和整理民间验方,参考各家有效疗法,并结合自己的临床实践,花费一生精力,写成了千古不朽的《伤寒杂病论》一书。

但《伤寒杂病论》著成后不久就散佚了。直到晋朝,一个名叫王叔和的太医令偶然发现了这本书。但是此书已是断简残章,王叔和看着这本书越来越兴奋,十分想知道这是什么书。于是,他就利用太医令的身份,全力搜集《伤寒杂病论》的各种抄本,终于找全了关于伤寒的部分,并加以整理,命名为《伤寒论》。但《伤寒杂病论》中杂病部分还没有找到。

到了宋代,一个名叫王洙的翰林学士在翰林院的书库里发现了一本

"蠹简"（即被虫蛀了的竹简），名叫《金匮玉函要略方论》。这本书一部分内容与《伤寒论》相似，是论述杂病的。后来，名医林亿、孙奇等人奉朝廷之命校订《伤寒论》时，将它与《金匮玉函要略方论》对照，知道是张仲景所著，于是更名为《金匮要略》刊行于世。

《伤寒杂病论》共 16 卷，包括"伤寒"和"杂病"两部分，后编辑为《伤寒论》和《金匮要略》两部分。《伤寒论》共 10 卷、22 篇、397 法、113 方，论述了外感热病"伤寒"的病理、诊断、治疗和用药，确立了"辨证论治"规律。《金匮要略》共 6 卷、25 篇、139 条、262 方，对脏腑、经络、内科杂病、外科、妇产、儿科等疾病分类，对病因病机的诊断和防治等进行了论述。《伤寒论》和《金匮要略》在宋代都得到了校订和发行，我们今天看到的就是宋代校订本。除重复的药方外，两本书共载药方 269 个，使用药物 214 味，基本概括了临床各科的常用方剂。这两本书与《黄帝内经》、《神农本草经》并称为"中医四大经典"。

张仲景把包括多种传染病在内的一切外感发热病通称为"伤寒"，创造性地提出以"六经"辨伤寒，以脏腑辨杂病的"辨证论治"的治疗原则，确立了理、方、法、药相结合的理论体系，为中医学的发展打下了基础。至今，"辨证论治"仍是中医诊断治疗的核心部分。

为了进一步分析病情，以便作出正确诊断，张仲景还提出了后人称为"八纲"的辨证方法。他把临床上出现的各种错综复杂的症候，综合归纳为八个纲领，即阴、阳、表、里、寒、热、虚、实。在"八纲"之中，又以阴、阳作为总纲去认识疾病发展过程中各个阶段的普遍规律。凡寒症、虚症、里症一般是阴病；凡热症、实症、表症一般是阳病。运用"八纲"来辨识疾病属性（属阴属阳），确定病变部位（在表在里），区分邪正消长（是虚是实），弄清病态表现（发寒发热），就可以全面认识疾病，采用相应的治疗方法。

张仲景把通过望、闻、问、切"四诊"得来的病人各方面的表现加以综合归纳、层层分析、仔细辨认，从而全面把握疾病发展普遍规律和特殊规律的方法叫作"辨证"，把他的治疗原则和治疗方法称作"论治"。其治疗原则是根据不同情况祛邪扶正。对一些发病急剧、人体消耗不大的疾病，以祛邪为主；对一些发病缓慢，或病程长久、体力消耗较大的疾病，以扶正为主，恢复病人的抵抗能力，调动人体本身的积极因素。在治疗方法上，他创立了汗、吐、下、和、温、清、补、消八法，根据病人实际慎重选用，既有严格的规律和原则性，又可在辨证的基础上具有较大的灵活性，从而使"辨证论治"的特有体系更加系统、完备，更切合于临床实际。

《伤寒杂病论》问世以后，被历代医家奉为金科玉律，研究、注释、整理、发挥者约有 800 家之多，仅注释《金匮要略》者也近 200 家，形成了所谓伤寒学派和经方派，可谓代代硕果累累，世世成效斐然。自唐宋以来，《伤寒杂病论》的影响远及海外，日本、朝鲜、蒙古及东南亚等地的许多国家，均有不少人研究张仲景的学说。日本的汉方医学家们不但认真钻研其书，而且直接采用其书的原处方，还把其中的某些方剂制成成药，广泛运用于临床。

为了纪念张仲景，人们在他的家乡河南省南阳市温凉河畔修建了一座祠堂，即南阳医圣祠。每年春秋两季，远近的善男信女都会到此"朝圣"求医。

灸经帛书与针灸铜人

针灸疗法是我国古代劳动人民创造的一种独特的医疗方法。它用针刺入病人身体的一定部位或用火的温热刺激烧灼局部，以达到治病的目的。前者称为针法，后者称为灸法，合称针灸疗法。

早在远古时期，我们的祖先就懂得用"灸法"和"针法"治病。针法的前身是砭石疗法，砭石是新石器时代应用的一种医疗工具。灸法也是在新石器时代用于治疗疾病的。周代以后，我国开始出现了金属的针灸用针，河北满城西汉墓出土文物中有针灸用的金针。早在远古时期，我们的祖先就懂得用"灸法"和"针法"治病。关于针灸医疗，最早记载在战国晚期成书的医学理论巨著《黄帝内经》中。这部书集中反映了春秋战国时期医学家们的学术成果和医疗经验。它分为《素问》和《灵枢》两部，共

18卷162篇。其中《灵枢》就是叙述针灸理论的。它认为经络是人体运行气血的道路，其干线叫经，分支叫络。经络把人体联结成一个表里、上下、脏腑、器官相互联系、沟通的统一整体。脏腑发生的种种生理、病理变化，往往通过经络反映到肤表腧穴上来。反过来，针灸有关腧穴，可以通过经络的传递治愈或缓和、控制脏腑的变化。20世纪70年代，在长沙马王堆三号汉墓出土的帛书中，《足臂十一脉灸经》和《阴阳十一脉灸经》成为目前已知最早的经脉学专书，也是最早的灸疗学著作。它们分别论述了十一条经脉的循环路线，以及相应的病症与疗法。它是后世针灸学、经络学进一步发展的坚实基础。

我国西晋时期在文坛上很有名气的皇甫谧，不愿做官，每天废寝忘食地读书。他在身患严重的风痹疾时，仍然手不释卷。为了战胜风痹，他致力钻研针灸书籍，并结合自己治疗的心得，总结出《针灸甲乙经》一书。《针灸甲乙经》即《黄帝三部针灸甲乙经》，简称为《甲乙经》。成书于甘露四年（259）左右，全书共10卷，128篇，是我国现存传世最早的一部针灸专著，也是最早最多收集和整理古代针灸资料的重要文献。该书是将《素问》《灵枢》《名堂孔穴针灸治要》三书分类合编而成。书中内容丰富，涉及脏腑、经络、腧穴、病机、诊断、治疗等叙述系统，校正了当时的腧穴总数，记述了各部穴位的适应症和禁忌，说明了各种操作方法。此书理论完备，是我国现存最早的一部理论联系实际，有重大价值的针灸学专著，被列为学医者必读的古典医书之一，皇甫谧也因此被人们称做"中医针灸学之祖"。《针灸甲乙经》不仅成为中医学宝库的珍藏，而且建立了较完善的针灸理论体系。此书问世之后，唐代太医署始设针灸科，并把它作为医生必修的教材。晋代以后的许多针灸学专著大都是在参考此书的基础上编撰而成的，内容都没有超出它的范围。此书也传到国外，受到各国特别是日本和朝鲜的重视。至今，我国的针灸疗法虽然在穴名上略有变化，但原则上均本于它。1700多年来，《针灸甲乙经》为针灸医生提供了临床治疗的理论根据和实践指导，对后世针灸学术的发展起到了承前启后的巨大作用，故备受国内外历代针灸医家的重视。

针灸术在宋代有了较大的发展。1027 年,北宋医学家王惟一著成《铜人腧穴针灸图经》3 卷,统一各家对腧穴的不同说法,并且设计、铸造了两具一模一样的针灸铜人,即后来被人们称颂的"宋天圣针灸铜人"。铜人由青铜铸成,身高和男子相仿,面部俊朗,体格健美。头部有头发及发冠;上半身裸露,下身有短裤及腰带;人形为正立,两手平伸,掌心向前。铜人被浇铸为前后两部分,利用特制的插头来拆卸组合。铜人上总穴位有 657 个,标有 354 个穴位名称,所有穴位都凿穿小孔,穴位深约1.2 分。铜人体腔内有木雕的五脏六腑和骨骼,不仅外壳能够打开,胸腹腔也能够打开,可以看见胸腹腔内的五脏六腑,脏器的位置、形态、大小比例都与正常成人的相似,在铜人身体表面刻着人体十四条经络循行路线,各条经络的穴位名称都严格按照人体的实际比例进行详细标注。更为奇特的是,它的实用性极强,四肢关节亦可活动。宋天圣针灸铜人不仅可以应用于针灸学,也可应用于解剖学。它不仅体现了当时劳动人民无可挑剔的人体美学艺术,更表现了我国古人精湛的铸造工艺。

宋代每年都会在医官院进行针灸医学会试,会试时将水银注入针灸铜人体内,再将其体表涂上黄蜡完全遮盖经脉穴位。而应试者完全看不见水银注入的痕迹,只能凭借经验下针,当应试者一旦准确扎中穴位,水银就会从穴位中流出。医学史书曾把这一奇特的现象称为"针入而汞出"。

宋以后,历代统治者都很珍视"宋天圣针灸铜人",铜人经历了风风雨雨辗转于历代,最后经修补于至元年间移置北京,直到明末在战乱之中湮没。明代英宗正统八年(1443),历经几百年的铜像因年久失修,穴位和经络已经昏暗难辨,模糊不清,英宗随即下令重铸铜人模型,以代替宋铜人,人们称之为"明正统针灸铜人"。"明正统针灸铜人"与"宋天圣针灸铜人"几乎相同。

然而,针灸铜人的厄运并未结束。1900 年,八国联军入侵北京,清太医院遭到洗劫。据说"明正统针灸铜人"很可能就在这时被俄国人掠走。后来,我国中医针灸研究所研究人员在俄罗斯圣·彼得堡国立艾尔米塔什博物馆发现了"明正统针灸铜人",当我国中医针灸研究院通过外交途径向俄罗斯方面索取"明正统针灸铜人"时,遭到婉言拒绝。

铜人和图经,在当时的医疗教学和医官考试中起了很大的作用,为统一和发展我国针灸学做出了很大贡献。

新中国成立后,中医学取得了很多新成就。1973～1986年间,生物学家祝总骧、针灸专家郝金凯等人,用生物物理方法初步证实《黄帝内经》中系统论述的经络现象在人体中普遍存在,这为进一步研究针灸学提供了有力的证据。

中国的针灸学早在6世纪就传到海外,引起国外医生的关注。562年,中国古代医方、本草和针灸书160卷被带到日本。我国名僧鉴真赴日本后,也带去不少医书,大力传授中国医药学。由于针灸疗法简便易行,见效迅速,受到日本朝廷的重视,不断派遣医生到中国来学习医术。中国针灸学在日本很快得到发展。特别是今天,许多西医无法医治的疾病,针灸能够治愈。中国针灸学名扬世界各地,不仅有大批针灸医生到西方讲学、治疗、交流,而且我国也接受外国医生前来进修。中西医学取长补短,使中国针灸学发扬光大,不断创新,成为世界医林中的一棵常青树。

华佗发明"麻沸散"

麻醉是当今进行外科手术必要的程序。我国在很早以前便懂得使用麻醉药了。读过小说《水浒传》的人,也许还记得"吴用智取生辰纲"里描写的吴用用药酒迷倒押送礼物的人的故事。另外,在十字坡孙二娘开的黑店中,人只要误喝了药酒,就会昏迷不醒,任人摆布。这些都是麻醉药的作用。最早发明并使用麻醉药的人,是我国三国时代的著名医生华佗。

华佗的医术受人称道。他在东汉时就已经施用打开腹腔的外科手术,然后又用针线缝合好,和现代医术如出一辙。

华佗在2世纪就已经发明了麻醉剂——"麻沸散",这是世界医学史上一个伟大的创举。他用"麻沸散"做全身麻醉,进行开腹手术。

据《后汉书·华佗传》记载："若疾发结于内,针药所不能及者,乃令先以酒服麻沸散,既醉无所觉,因刳破腹背,抽割积聚。若在肠胃,则断截湔洗,除去疾秽,既可缝合,敷以神膏,四五日创愈,一月之间皆平复。"这里说的是华佗成功地做了腹腔外科手术。他之所以能这样顺利地进行外科手术,是和他已经掌握了麻醉术分不开的。华佗是世界上第一个用全身麻醉方法做手术的人。

遗憾的是,华佗的著作和麻沸散的配方早已失传。据后人考证,曼陀罗花可能是麻沸散的主药。宋代窦材的《扁鹊心书》中载有麻醉剂"睡圣散",其主药为山茄花,即曼陀罗花。元代危亦林《世医得效方》中也有"草乌散",是用曼陀罗花和乌头作为正骨手术的麻药。现代科学研究已经证明曼陀罗花含有莨菪碱、东莨碱和少量阿托品,有麻醉作用。目前使用的多种中药麻醉剂的主药正是曼陀罗花和乌头。

麻醉药能使人或动物的整个身体或身体的某一部分暂时失去知觉,可以在施行外科手术时使用。麻醉分全身麻醉、局部麻醉和脊髓麻醉。现今全身麻醉时多用乙醚、氯仿等麻药,局部麻醉多用可卡因、普鲁卡因等麻药。此外,吗啡、鸦片等都可用作麻醉剂。

1848 年,美国人莫尔顿开始把乙醚用作麻醉药,现在西医还常用乙醚进行全身麻醉。然而,西医使用的麻药,比华佗的"麻沸散"至少晚1600 年。

"药王"孙思邈和《千金方》

唐朝初年,中国医学科学有突飞猛进的发展,涌现出了许多著名的医学家和医学著作,"药王"孙思邈和他的《千金方》就是其中最杰出的代表。

孙思邈生于隋文帝开皇元年(581)。他自幼多病,身体瘦弱,父亲经常请医生给他诊治,因此他立志要从事医学。他 7 岁开始读书,聪慧过人,每天背 1000 多字,被人们称为"圣童"。20 岁时,他已通晓诸子百家学说,博览了古代医学著作《素问》《灵枢》《甲乙经》《神农本草经》《伤寒论《脉经》等书,成为一位具有丰富医学知识和高超医术的医生。隋文帝召他入朝做官,他称病拒绝后,毅然走上了行医治病的道路。他隐居在华原县东磐玉山,朝夕入山采药,行医治病,济困扶危,救死扶伤,深受人们的爱戴。

有一次,一位患腿痛的患者来找孙思邈医治。孙思邈给病人开了几服药,都没有治好,便决定给他针灸。可是,孙思邈一连扎了几个止痛的穴位,病人都说痛。孙思邈想,人身上有 365 个穴位,是不是除此之外还有未被发现的穴位呢?于是他决心借助这个病人,细心寻找一下。他一边用手在病人身上轻轻按掐,一边问这里是否疼痛。他按了许多地方,病人总是摇头。当他继续往下按时,忽然病人大叫起来:"啊!就是这儿!"孙思邈就在病人说痛的地方扎了一针,病人的腿痛果然治好了。这个穴位医书上没有记载,孙思邈根据病人说的"啊……是"把这个穴位定名为"啊是穴"。于是,这种痛点在哪里就往哪里针灸的方法,很快被推广开来。

传说孙思邈曾为唐太宗长孙皇后诊治疾病,疗效很好,唐太守要授给孙思邈官职,孙思邈坚辞不受。为此,唐太宗撰文颂赞:"凿开径路,名魁大医;羽翼三世,调和四时。降龙伏虎,拯衰救危;巍巍堂堂,百代之师。"此赞元人镌刻树碑,至今仍存耀县药王山上。

孙思邈行医,不仅注意查病源,更注意积累临床经验,并且大量搜集药草,创立复方。他一边行医,一边注意收集前人和民间医学研究成果,不断加以总结提高,从而积累了丰富的医疗经验。他决心把自己丰富的实践经验总结出来,写成专著,公之于世,让人们更有效地与疾病作斗争。经过不懈努力,他终于写成了具有重要学术价值的医学巨著——《千金方》。

孙思邈的传世之作《千金方》是《千金要方》和《千金翼方》的简称。《千金要方》又称《备急千金要方》,大约成书于唐永徽三年(652);《千金翼方》约成书于唐永隆二年(681),因"千金"一词,来自"人命至重,有贵千金。一方济之,德逾于此"。"翼方"一词,是因两书"相辅相济,比翼双飞"而得名。

《千金要方》30卷,分为232门,包括"脏腑之论,针灸之法,脉证之辨,食治之宜,始妇人而次婴孺,先脚气而后中风、伤寒、痈疽、消渴、水肿、七窍之疴、五石之毒、备急之方、养性之术"。所以,它不是一本方书,而是一部综合性医著。书中记载药方5300个,包括大量民间药方和历代医学文献的配方,少数民族的单方、验方和外国传入的治病医伤、保健之术。它又是继承往昔,收录中外的总结性著作。

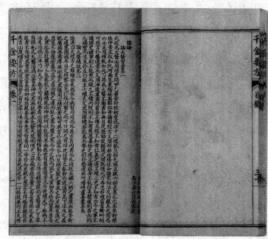

《千金要方》书影

《千金翼方》也是30卷,主要论述本草、伤寒、中风、杂病,以补充《千金要方》的不足,还收录和整理了《伤寒杂病论》的遗文。

《千金翼方》对药物的采集方法和时节特别重视,它指出药采取不知时节,不注意阴干、曝干,虽有药名,终无药实。书中对233种药物列出了采集时节。另外,该书对产药的土质、气候也很重视,书中专有"药出州土"一栏,列出每种药品的产地。全书共载药物873种。孙思邈因此被尊称为"药王"。

《千金要方》和《千金翼方》被誉为中国古代的医学百科全书,对后世的影响极大。两书问世后,备受世人瞩目,曾传入日本、朝鲜。日本很早就出版过《千金要方》,10世纪时,日本丹波康赖参考该书编写了《医心方》;15世纪朝鲜的金礼蒙参考该书编写了《医方类聚》。

孙思邈是中国历史上一座不朽的丰碑。他是大医，他是药王，他是养生保健学说之集大成者与实践者，他开创了中医药学史上的许多个第一。他的崇高品德、精湛医术、渊博学识、丰硕著述与卓越成就，赢得了人民的爱戴与敬仰。

孙思邈去世后，人们将他隐居过的"五台山"改名为"药王山"，并在山上为他建庙塑像，树碑立传。每逢农历的二月初三，当地群众都要举行庙会，纪念孙思邈为我国医学所作出的巨大贡献。庙会时间长达半月，前来游览、凭吊的八方来客络绎不绝。

国家药典唐《新修本草》

唐朝的文化，灿烂辉煌，不仅在中国，而且在世界文化发展史上，都占有重要地位。

就药物而言，唐朝时期新药品种不断增加，外来药物使用经验日益丰富。而当时被医家奉为用药指南的《本草经集注》，在内容方面存在着"防葵狼毒，妄曰同根；钩吻黄精，引为连类；铅锡莫辨，橙柚不分"等相当严重的错误。而且旧草本是卷本，共21卷，除序例外，以玉石、草木、兽禽、虫鱼、果菜、米谷等分类，共收集药物859种，但并注意药物实际形态。

在这样的情况下，用药也十分混乱。为了改变这种状况，医药学家苏敬在个人修订本草的基础上，于高宗显庆二年（657）上书请求朝廷编修新的本草。苏敬的请求得到唐高宗的赞同，并指派长孙无忌、许孝崇、李淳风等22人与苏敬一起修订新本草。

为了编好这部书，朝廷命令天下郡县将所产地道药材按实物绘描成图，与标本一并送上。同时制定了统一收录删节的原则，即"《内经》虽阙，有难必录；《（名医）别录》虽存，无稽必正"。此外，还要求"下询众议"，"定群言得失"，征询各方面的意见。经过举国上下共同努力，苏敬等人于显庆四年（659）完成了修订任务，定书名为《新修本草》。

全书分为正文、药图和图经3部分，其中正文20卷，目录1卷，药图7卷、目录1卷，图经25卷。《新修本草》正文是在《本草经集注》基础上进一步增补了隋唐以来的一些新药品种,并重加修订改编而成。内容分为玉石、草、木、禽兽、虫鱼、果菜、米谷及有名未用等9类,共收药850种。《新修本草图》和《新修本草图经》是在编写该书时,广泛征集全国各地所产药物绘制的形态图及文字说明。该书正文记述各种药的药性味、主治及用法;图经部分则是药物的形态、采药及炮制方法。书中保存了一些古本草的原文,系统总结了唐以前药物学成就。唐代以后,该书正文收录于《证类本草》等书中,本草图及图经部分则早已亡佚。后代所发现的该书较古的传抄卷本,主要有日本仁和寺藏本的残卷共10卷,又补辑1卷(有影印本)以及敦煌出土的两种残卷片断。现有该书辑佚本。

《新修本草》是我国也是世界上第一部由国家正式颁布的药典性专著。它比欧洲最早的《佛罗伦萨药典》(1498年出版)早839年,比1535年颁发的世界医学史上有名的《纽伦堡药典》早876年,比俄罗斯第一部国家药典(1778年颁行)早1119年。它系统

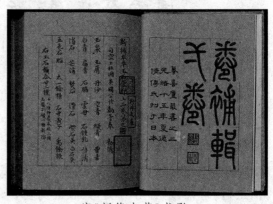

唐《新修本草》书影

地总结了唐代以前本草学的成就,内容丰富,图文并茂,成为约束医生、药商的标准药物学著作,具有很高的权威性和实用性,同时也为此后五代、后蜀及宋代的官修本草提供了补订的蓝本。

该书问世后,在国内外都产生了较大的影响,被唐政府列为医学生的必修之书。此书后传入日本,日本律令《延喜式》记载:"凡医生皆读苏敬《新修本草》。"同时也对日本的药物学发展做出了贡献。

开创免疫学先河的"人痘法"

天花是一种危害极大的烈性传染病。得此病的人,常有生命危险。侥幸治愈者,也常要留下痘疤,也就是麻子。这种病大约是在汉代的

时候由战争的俘虏传入我国，所以又叫它"虏疮"。关于天花病的流行，晋代葛洪的《肘后方》已有记载。唐宋时记载更多。我国古代医书中的"豆疮"、"天行斑疮"、"登豆疮"和"疱疮"等称呼都是天花的别名。

明代以前，我国对于天花病一直没有有效的防治方法，直到"人痘"接种术发明以后，天花才得到控制。清代俞茂鲲在《痘科金镜赋集解》中记载："闻种痘法起于明朝隆庆年间（1567～1572）宁国府太平县，姓氏失考，得之异人丹家之传，由此蔓延天下，至今种花者，宁国人居多。"由此可以得知，人痘接种术的发明，至迟是在 16 世纪中叶。

据记载，人痘接种术的具体方法分为痘衣、痘浆、旱苗、水苗等法。古代的痘衣法是把出痘人的衬衣，给被接种的人穿用，使其感染；痘浆法是用蘸有疮浆的棉花塞入被接种人的鼻孔里；旱苗法是将痘痂阴干研细，用小管吹入被接种儿童的鼻孔里；水苗法是先用水把研成粉末状的痘痂调匀后，再用棉花蘸了塞入被接种人的鼻孔里。用上述方法能够产生一定的预防天花的作用，因而在当时全国各地广泛应用。但是这些用人工感染天花的办法，有一定的危险性，后来在实践的过程中，人们发现改用经过接种多次的痘痂作疫苗，安全得多。如清代朱奕梁在他的《种痘心法》中说："其苗传种愈久，则药力之提拔愈清，人工之选炼愈熟，火毒汰尽，精气独存，所以万全而无害也。"这种对人疫苗的选育方法，完全符合现代制备疫苗的科学原理。人痘接种术的发明，是早期免疫学的重大成就，为天花的预防开辟了一条行之有效的途径，在世界医学史上占有重要的地位。

中国发明人痘接种法后，很快传到世界各地，最先传入俄国、日本、朝鲜，又从俄国传到土耳其。1717 年，英国驻土耳其大使蒙塔古夫人学得种痘法，随即传入英国及欧洲各地。英国医生琴纳在给一位少女种人痘时，姑娘告诉他没有必要，因为她已经有过牛天花，故此将永远不会再得天花。琴纳从这件事中受到巨大启发。他发现牛痘脓疱和轻症天花的脓疱形状相似，而且接种牛痘的人全身症状也和天花病人相同，只是轻微得多。为确证感染牛痘之后能产生对天花的免疫力，琴纳给已经感染过牛痘的五名男女牧工接种天花。结果他们全都抗御了天花病毒的侵害。既然感染牛痘的症状轻微,而且不会引起可怕的大流行,所以接种牛痘代替人痘必定会安全得多。在这种思想指导下,琴纳经过20多年潜心研究,终于在1796年创立了"牛痘接种法"。但是中国的人痘接种法比英国琴纳发明牛痘接种法早100多年,它无疑为琴纳改进牛痘苗直接提供了科学依据及宝贵经验,可以说世界人工免疫学的发展也是从中国人痘接种术开始的。

光芒四射的"东方医学巨典"

明代医药学家李时珍编著的《本草纲目》是一部著名的药学巨典。这部书总结了16世纪以前我国医药学的丰富经验,对我国和世界医学及自然科学的发展,作出了卓越的贡献。

李时珍出生在湖北省蕲春县,他的祖父和父亲都是医生,这使他从小就受到医药方面知识的熏陶。自七八岁时起,李时珍就常和父亲在一起栽种药草。他家的院子里一年四季开满了各种各样的草花,五颜六色的鲜花使李时珍流连忘返。他常指着这些花草向父亲问个不停,父亲教他分辨药草,还讲解一些药草的作用,有时也带他到山里采药,观察草木的生长状况。在父亲的启蒙教育下,李时珍对药草产生了浓厚的兴趣。

李时珍14岁考取秀才后,三次参加乡试都未中举,于是决定放弃科举的念头,专心研究医药学。他勤奋学习,潜心研究,医术越来越高明,曾被推荐到楚王府和太医院去任职。在楚王府和太医院里,他充分利用有利条件阅读很多民间少见的医学、药学和其他书籍,学到很多前人记载下来的药物知识。但他不愿为皇室服务,因此只任职一年,便辞官回乡。

在回家的路上,他在一个小驿战里,看见几个替官府赶车的马夫围着一个小锅,煮着连根带叶的野草。李时珍好奇地询问马夫。马夫说:"我们这些赶车人,常年在外地奔波,损伤筋骨是常事,用这些药草煮汤喝,就能舒筋活血。"这种药草原名叫"鼓子花",又叫"旋花",李时珍马上把马夫的经验记录下来,这样写着:旋花有"益气续筋"之用。通过这件事,李时珍更深刻地意识到修改本草书只有到实践中去,才能有所发现。李时珍精心钻研前人写作的药学著作《本草》,发现有许多药物是《本草》上不曾记载的,而且根据他自己的行医实践,也发现历代本草书中存在不少错误。例如天南星和虎掌,原是一种植物,却误为两种药;萎蕤和女萎,本是两种植物,却又混为一谈;有一位以精通医道自诩的绅士,把"草乌头"当做"川乌头"吃了,结果丧了命。因为旧本草中没有把两种乌头讲清楚。这件事使李时珍颇受震动,他决心重新编一本《本草》纠正以前书中的错误,并把新增加的药物补充进去。

这是一项十分艰巨的任务,1552 年,李时珍开始着手编写《本草纲目》。为了编好这部书,他研读了 800 多种医书、药书和其他参考资料,记下了几百万字的笔记。李时珍特别注意深入实际考察,除了自己的家乡外,他几乎走遍了湖北、江西、安徽、江苏、河南等地,采拾标本,向有经验的农民、渔民、樵夫、药农、民间医生请教,收集单方,积累了大量的第一手资料。李时珍经常外出采药,有时一去就是几年,行程万里以上,足迹遍及小半个中国。有时为了采到一种药,他甚至置个人生命安危于不顾。就这样,经过 27 个春秋,1578 年李时珍终于编成了《本草纲目》。这时他已经是白发苍苍的 61 岁老翁了。

《本草纲目》全书 190 万字,计 52 卷,分 16 部(水、火、土、金石、草、谷、菜、果、木、服器、虫、鳞、介、禽、兽、人),62 类,共收药物 1892 种,附方11096 则,插图 1160 幅。书中对每类药物都分若干种,系统分明,分类先进。对每种药物都记载名称、产地、形态、采集方法、药物的性味和功用、炮制过程等,有些还指出了过去本草书的错误。这部药物学巨著是几千年来祖国药物学的总结,它把我国药物学推向了一个新的高峰。书中还包括其他许多自然科学方面的知识。例如在生物学方面,他肯定生物界有一定变化发展的顺序,这从动物药的分类可以反映出来;同时指出了环境对于生物的影响和生物对环境的适应以及遗传与相关变异的现象等。在化学方面,叙述了从马齿苋中提取汞,从五倍子中制取没食子酸,

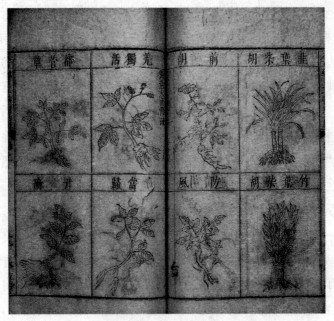

《本草纲目》中记载的药物

以及用蒸馏、蒸发、升华、重结晶、风化、沉淀、干燥和烧灼方法制药等。

　　《本草纲目》于1596年出版,可惜的是李时珍积劳成疾,没等到他的著作出版,就与世长辞了。《本草纲目》早在万历年间就传到日本,以后又传到朝鲜和越南。17世纪传到欧洲,被译成英、法、德、俄、拉丁等多种文字。200多年后,达尔文曾在这本书中找到了一部分证明他的人工选择理论的材料,称该书为"中国古代的百科全书"。郭沫若称李时珍为"中医之圣","伟大的自然科学家"。这部书受到国内外医药学家的高度评价,被誉为"东方医学巨典"。

法医学研究独领风骚

　　我国古代很早就有了法医检验。《礼记·月令》中有命刑法官"瞻伤、察创、视折、审断、决狱讼,必端平"的记载。所谓瞻、察、视、审,都是检验的方法。这就是我国早期法医学的萌芽。春秋时期已有了关于人体解剖的记载。在地下出土的秦代竹简上,记有内容广泛的治狱案例。

汉唐期间积累了不少法医知识，但还没有一本法医著作。五代时期，和凝、和𫖯父子在591年合著了《疑狱集》，这是我国现存最早的著作。

到了宋代，法医方面的知识进展迅速，无名氏的《内恕录》、赵逸斋的《平冤录》、郑兴裔的《检验格目》、郑克的《折狱龟鉴》、桂万荣的《棠阴比事》等，都是有关法医检验的著作。在这些著作基础上，宋慈总结历代经验，写成了我国历史上第一部有系统的法医著作《洗冤录》。这部书在1247年刊行，它比意大利人菲德里1602年写成的西方最早的法医学著作，早了300多年，称得上是世界上最早的法医学专著。

宋慈，字惠父，福建建阳县人。他曾经四次担任提刑法官。他在任职期间审理了无数案件，他审案认

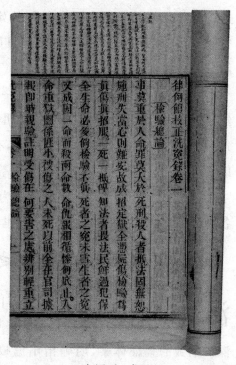

《洗冤录》书影

真，处事谨慎。检验现场时，他总是亲自监督，遇到有疑惑的地方，就亲自动手检验尸体。因此，他积累了丰富的法医检验知识，同时他还经常研究历代法医文献，向医师和老吏请教。他在总结前人成就的基础上，开始编写《洗冤录》一书，希望能起到"洗冤泽物"、"起死回生"的作用。这本书面世后，成为历代审判官员必备的案头书。

《洗冤录》全书共5卷。卷1记载条令和总说，卷2记载验尸，卷3至卷5详细记载了各种伤、死情况。书中记述了人体解剖、检验尸体、检查现场、鉴定死伤原因、自杀或谋杀的各种现象、各种毒物、急救及解毒方法等，内容丰富，范围广泛。该书和近代法医学比较，不但论述的项目和范围基本相吻合，而且内容也具备了现代检验方面所需要的初步知识。

书中对于自杀、他杀或病死的区别十分注意,案例详明。如溺死与非溺死、自缢与假自缢、自杀与杀伤、火死与假火死等方法都详加区分,并列述各种猝死情状。书末附有各种救死方。这部书中所记载的如洗尸、人工呼吸法、夹板固定伤断部位、迎日隔伞验伤,以及银针验毒、明矾蛋白解砒毒等方法都是合乎科学道理的。

《洗冤录》在我国法医学史上是一部划时代的奠基性著作。它从13世纪到19世纪共沿用600多年。元、明、清三代的法医学著作,大都以《洗冤录》作为蓝本,有的对内容加以引证,有的就原文加以订正,有的对理论加以考释,有的补充一些事例。宋慈的《洗冤录》成为后世各种法医学著作的主要参考书。1862年以后相继被译为法文、德文、朝文、日文、英文、俄文等各种语言,在世界各国广为流传,为世界法医学作出了巨大贡献。

温病学奠基之作《温热论》

温病一词,最早出于《素问》,以后的《伤寒论》、《难经》、《诸病源候论》、《备急千金要方》等皆有记载。明代多次发生大瘟疫。吴又可通过深入细致的临证体察,明确指出瘟疫并非伤寒,并创立一套辨证论治的方法,成为辨治外感温热病的新学术流派。清代中期以后,温病学派日趋壮大。叶天士是清代众多温病学家的代表,被誉为"温热大师"。他所著的《温热论》一书为温病学说理论体系的形成奠定了坚实的基础。

叶天士,名桂,号香岩,别号南阳先生,晚号上津老人,江苏吴县人,清代杰出的医学家、温病学派的主要代表人物之一。叶天士出生在一个医学世家,他的祖父、父亲都精通医术,尤其精通儿科。从12岁起,叶天士就开始跟随父亲学医。14岁时,叶天士的父亲去世,于是他又拜父亲的门人朱某为师,继续学医。

不多久,叶天士在医学上的造诣,就超过了他的老师。但他毫不自满,孜孜不倦,又去四处拜师学医。

山东有位姓刘的名医,擅长针术,叶天士很想去学,只是苦于没人介绍。一个偶然的机会，叶天士改名换姓去给姓刘的名医当学生。他在刘医生那里，每逢临症处方，都虚心谨慎地学习。一天，有人抬来一个神智昏迷的孕妇就诊。刘医生候脉后，推辞不能治。叶天士仔细观察琢磨，发现孕妇因为临产，胎儿不能转胞，是痛得不省人事的。于是，他取针在孕妇脐下刺了一下，就叫人马上抬回家去。到家时，胎儿果然产下。刘医生很惊奇，便详加询问，才知道这个徒弟原来是早已名震远近的叶天士。叶天士接着便把自己要向他学习的苦心如实说了出来。刘医生听了很受感动，终于把自己的针灸医术全部传授给他。

叶天士最擅长治疗时疫和痧痘等症，他是中国最早发现猩红热的人。在温病学上的成就，尤其突出，是温病学的奠基人之一。清代乾隆以后，江南出现了一批以研究温病著称的学者。他们以叶天士为首，总结前人的经验，突破旧法，开创了治疗温病的新途径。叶天士著的《温热论》，为我国温病学说的发展，提供了理论和辨证的基础。他首先提出"温邪上受，首先犯肺，逆传心包"的论点，概括了温病的发展和转变的途径，成为认识外感温病的总纲；还根据温病病变的发展，分为卫、气、营、血四个阶段，作为辨证施治的纲领；在诊断上则发展了察舌、验齿、辨斑疹等方法。清代名医章虚谷高度评价《温热论》，说它不仅是后学指南，而且弥补了仲景书之残缺，其功劳很大。

叶天士活了80岁，临死时，他还谆谆告诫子孙说："医可为而不可为。必天资敏悟，读万卷书，而后可借术以济世。不然，鲜有不杀人者，是以药饵为刀刃也。"叶天士去世后，由他的门人，取其方药治验，分门别类集为一书，取名《临证指南医案》。此书刊于1766年，内容包括内科杂病、妇科与儿科，体现了叶天士治病辨证细致，善于抓住主证，对症下药。其中以温病治案尤多。

叶天士的《温热论》，是学习温病学说的必读书。叶氏指出："温邪上受，首先犯肺，逆传心包。"如此短短几字就概括了温病的特征性发展规律，一些医家认为，这也是对现代医学常见的由肺炎导致心肌类这一现象从中医学理论角度最贴切的诠释。再者,文中还提到了"吾吴温邪,害人最重"的观点,也是温病学的重要特征。温病学派产生于江南一带,与北方的伤寒派差异很大,这与地域和气候有很大关系,以至于现代中医界的伤寒与温病学派也存在着南北的差异。其后,温病学派出现了很多著名的医家和论著,但是都未离开叶天士所创建的理论体系。叶天士还留下了不少的医案记录,他十分善于使用短小的方子治愈严重的疾病,这是中医达到很高境界的时候才能做到的所谓"四两拨千斤"的高超医术。

叶天士毕生医案很多,有《温热论》《临证指南医案》《叶氏医案存真》《未刻本叶氏医案》,但都不是他亲笔著述,大都由他的门人整理而成。另外,还有一些著名的医案和著述托名于叶天士,可考的有《景岳全书发挥》《叶氏医衡》《医效秘传》《本事方释义》《女科症治》,等等。

叶天士在中国医学发展史上,是一位贡献非常卓越的医学家。他创立的温病卫气营血辨证论治纲领,为温病学说理论体系的形成奠定了坚实的基础。他对杂病提出的许多新见和治法方药,至今在临床上仍有重要的指导意义和实用价值。

飞洗制蜜的炮制技术

所谓炮制是根据医疗、配方、制剂的不同要求,结合药材自身的特点,对药物进行一定的加工处理的过程,它包括对原药材的一般修治整理和对部分药材的特殊处理。历史上将其称为"炮炙"、"修治"、"修事"等。药物经炮制后,不仅可以充分发挥疗效,而且可以避免或减轻不良反应,在最大程度上符合临床用药的目的。一般来讲,按照不同的药性和治疗要求而有多种炮制方法,有些药材的炮制方法也很复杂。正如前人所说的"不及则功效难求,太过则性味反失"。炮制方法是否得当,直接关系到药效的好坏。

中药的炮制古人称为炮炙。但"炮炙"二字仅代表了中药整个加工处理技术中的两种火处理的方法，并不能概括其他中药炮制方法。因而为了保存古代炮炙的原意，又能更确切地反映整个中药处理技术，现统称为炮制。其中"炮"字代表各种与火有关的加工处理技术，而"制"字则代表各种更广泛的加工处理技术。

中药炮制是随着药物的发现和应用而产生的。在原始时代，我们的祖先通过采食植物和狩猎，逐渐了解许多植物和动物，有的可以充饥果腹，有的可以减缓病痛，有的则引起中毒，甚至造成死亡。因此，人们逐渐在觅食中就要有所辨别和选择，开始认识到某些自然产物的药效和毒性。人们为使药物清洁和服用方便，采取了洗净、劈块等简单的加工方法，这就是中药最早的炮制。人类发现了火以后，受到用火加工食物的启示，便用火来加工药物。火的发现和使用，对药物毒性的降低和药性的调整起到了良好的效果。到了夏禹时代，由于酿酒的出现，为以后的酒制开辟了广阔的道路。后来出现的盐制、醋制、蜜炙等炮制方法，更丰富了中药的炮制内容，有效地适应了临床的需要。历代本草都有一定的解说，如酒制提升，姜制温散，入盐走肾，用醋止痛，乳制润枯生血，蜜制润燥益元。麸炒资其谷气，蒸熟取其味厚，炒黑人血，煅淬使其胀脆、纯净，黑豆汤、甘草水浸解毒，去瓤者免胀，抽心者除烦……这些理论多是从临床实践中总结出来的，有一定科学根据的，如姜制温散（姜中的挥发油有发汗解热作用），蜜制润燥益元（蜂蜜有滑肠及增强营养的作用），煅淬使其胀脆、纯净（药材经高温处理，有机成分破坏并逸去，故药材松脆，且保留了较纯净的无机成分），甘草水浸解毒（因甘草酸水解后生成的葡萄糖醛酸有解毒作用）。

无论是植物、动物还是矿物，它们都来源于自然，这些药物都需要经过炮制才能应用，因此中药炮制的目的变得尤为重要。中医学认为，不同的药物，有不同的炮制目的；在炮制某一具体药物时，又往往具有几个方面的目的。这正是中药炮制的精华所在。中药炮制的目的大致可分为六个方面。其一，中药炮制可以降低或消除药物的毒副作用，保证用药的安全。如附子、半夏、天南星、马钱子等生用内服容易中毒,炮制后便能降低其毒性;巴豆、续随子泻下作用剧烈,宜去油取霜用。其二,中药炮制可增强药物的作用,提高临床的疗效。如蜜炙百部、紫菀,能增强润肺止咳的作用。其三,中药炮制能够改变药物的性能或功效,使之更能适应病情的需要。如何首乌生用能泻下通便,制熟后则能专补肝肾等。其四,中药炮制能够改变药物的某些性状,便于储存和制剂。如桑螵蛸为螳螂的卵鞘,内有虫卵,应蒸后晒干,杀死虫卵,以防储存过程中因虫卵孵化而失效。其五,中药炮制可以纯净药材,保证药材品质和用量准确。其六,中药炮制可以矫臭、矫味,便于服用。

　　中药炮制的文字记载始于春秋战国时期。在现存的我国第一部医书《黄帝内经》中记载的"治半夏"即是炮制过的半夏。到了汉代,炮制方法已非常多,如蒸、炒、炙、煅、炮、炼、煮沸、火熬、烧、研、挫、捣、酒洗、酒浸、酒蒸、苦酒煮、水浸、汤洗、刮皮、去核、去足翅、去毛,等等。炮制理论也开始创立。如当时问世的《神农本草经》序中写道:"药……有毒无毒,阴干暴干,采造时月,生熟土地,所出,真伪陈新,并各有法……"东汉名医张仲景的《伤寒杂病论》记述了一百余种药物的炮制,他也认为药物有须根去茎,有须皮去肉,或须肉去皮,又须花去买,须烧、炼、炮、炙,依方炼采。治削,极令净洁。可见,在汉代,人们对中药炮制的目的和意义已有了一定的认识。

　　南北朝时期的《雷公炮炙论》对5世纪以前的药物采制和炮制方法进行了总结,书中所载的炮制内容除了一般净制、切制外,还有蒸、煮、熔、炙、炮、煅、浸、飞等方法。此书中的炮制方法已具有一定的科学道理,具有一定的科学水平。

　　在科学文化较发达的唐代,中药的炮制更为人们所重视。孙思邈在《备急千金要方》中说:"诸经方用药,所有熬炼节度皆脚注之,今方则不然,于此篇具条之,更不烦方下别注也。"唐代的《新修本草》是中国的第一部国家药典,标示有药物炮制的方法,是炮制技术受到政府保护的开端。书中收载了很多炮制方法,如煨、燔、作蘖、作豉、作大豆黄卷等,并记载了玉石玉屑、丹砂、云母、石钟乳、矾石、硝石等矿物类药的炮制方法。

中药的炮制在宋代发展较快,宋政府颁行的《太平惠民和剂局方》设有炮制技术专章,提出对药物要"依法炮制"、"修制合度",将炮制列为法定的制药技术,对保证药品的质量起到了很大的作用。

金元时代,中药炮制的发展较为突出的是理论研究。中药的炮制在明代发展较为全面。在理论方面,陈嘉谟在《本草蒙筌》中曾系统地论述了若干炮制辅料的作用原理,如酒制升提,姜制发散,入盐走肾脏软坚,醋制入肝经止痛,米泔制去燥性和中,乳制滋润回枯、助生阴血,蜜炙甘缓难化、增益元阳,麦麸皮制抑酷性、勿伤上膈,乌豆汤、甘草汤渍曝,并解毒至令平和……他还明确指出中药的效用贵在炮制。

著名医药学家李时珍在《本草纲目》中专列了"修制"一项,收载了各家之法,对有些炮制方法,还结合中医理论加以探讨。明代缪希雍所著的《炮炙大法》也是明代一部较有价值的炮制专著,书中记载了439种药物的炮制操作和成品贮藏方法,并将古代炮制方法归纳为《雷公炮炙十七法》,据资料记载即炮、烘烤、火上烧、炙、煨、炒、煅、炼(长时间的火烧)、制、度(量药之长短)、飞(水飞)、伏(润药或火制后贮存相当长时间,称"伏山")、镑(削、刮、刨)、击碎、煞(晒)、曝(强烈日光下曝晒)、露(将药物日晒夜露)。这十七种方法长期以来,在中药加工业中有深远的影响,但由于历史变迁,其实际涵义尚难阐明。

清代专论炮制的书籍首推《修事指南》,是由张仲岩将历代各家有关炮制的记载综合归纳而成。该书详细记载了232种炮制方法,系统地叙述了各种炮制方法,条目清晰,较为醒目。

现代我们所使用的炮制方法,是在古代炮制经验的基础上发展和改进而来。根据目前的实际应用情况,其炮制方法主要有修治法、水制法、火制法、水火共制法和其他制法五种。"修治法"包括纯净处理、粉碎处理和切制处理;"水制法"是一种用水或其他液体辅料处理药物的方法,包括润、漂和水飞法；"火制法"则是指用火加热处理药物的方法，包括炒、炙、煅单、煨和烘焙法；"水火共制法"则包括了煮、蒸和淬法；而其他制法则指一些特殊制法，常用的有制霜、发酵、发芽等。

近些年来，许多专家学者们正在探索应用新设备、新工艺，对一些传统的炮制方法进行改进，以适应时代发展的需要。随着现代科技的进步以及各学科之间的相互交叉，专家学者们已经开始从工艺、化学、药理、临床等多方位对中药的炮制加以研究，从现代科学的角度对中药炮制进行阐述，为中药炮制步入科学化、规范化提供了依据。它一方面包括了同种辅料，不同条件的对比研究，例如醋制元胡用于临床，沿袭已久，在现代研究则表明，醋酸能与元胡中的生物碱结合成易溶于水的生物碱盐而易于煎出。有关学者用酸性染料滴定法测得用醋为辅料煮、炒、拌、浸元胡的水煎液中，总生物碱的含量相差不大，而且在拌法中总生物碱的含量略高。由于拌法可在较为密闭的容器中进行，与煮、炒等加热方法相比可以减少醋的挥发，并且工艺简单，从而能够有效地节约能源。另一方面，通过多因素、多辅料的对比研究，生白芍、炒白芍和酒白芍均为常用药，据相关研究人员运用 HPLC 法探讨不同炮制方法对芍药苷含量影响的结果表明，烘干干燥法、减压干燥法、炒制及酒制，均会造成芍药苷含量的降低，其中烘干干燥法的影响最大，减压干燥法影响最小，与《药典》中采用减压干燥法相符合。

相信随着现代科学技术的不断进步，中药的炮制技术和工艺也将不断简化，从而进一步提高炮制的效果。

巧夺天工

王安石笔下的龙骨水车

山田久欲坼，秋至尚求雨。

妇女喜秋凉，踏车多笑语。

龙骨已呕哑，田家真作苦。

北宋著名改革家王安石的这首《山田久欲坼》，向人们生动描述了我国古代劳动人民在夏末秋初之时，用龙骨水车汲水抗旱、获得粮食大丰收的动人情景。

在使用现代化的抽水机以前，我国农业主要的灌溉工具是龙骨车。之所以称之为"龙骨"，是因为它是一种形似龙骨、节节相连的水车。

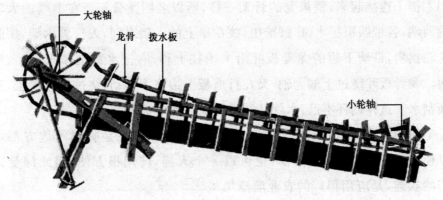

龙骨水车

龙骨水车是我国古代最著名的农业灌溉机械。龙骨车古书上称为翻车，是我国劳动人民在东汉末年发明并投入使用的。但那时的翻车还比较粗糙。到了三国时期，发明家马钧创造出一种新式翻车。有一回，马钧在魏国做一个小官，他住在京城洛阳，当时在洛阳城里，有一大块坡地非常适合种蔬菜，老百姓很想把这块土地开辟成菜园，可惜因无法引水浇地，一直空闲着。机械发明家马钧看到后，就下决心要解决灌溉上的困难。于是，他经过反复研究、试验，终于创造出一种翻车，把河里的水引上了土坡，实现了老百姓的多年愿望。马钧发明创造的这种新式翻车，叫作龙骨水车。龙骨水车应用齿轮的原理使其汲水，用时极其轻便，连小孩也能转动。它不但能提水，而且还能在雨涝的时候向外排水。

龙骨水车最初是利用人力转动轮轴灌水，后来由于轮轴的发展和机械制造技术的进步，发明了以畜力、风力和水力作为动力的龙骨水车，并且在全国各地广泛使用。根据动力的不同，可将龙骨水车分成下列几种：

人力龙骨水车。人力龙骨水车是以人力做动力，多用脚踏，也有用手摇的。清代麟庆在他所著的《河工器具图说》中对龙骨车的叙述比较详细。这种龙骨车的构造除压栏和列槛桩外，车身用木板作槽，长2丈，宽4寸到7寸不等，高约1尺，槽中架设一条行道板，和槽的宽窄一样，比槽板两端各短一尺，用来安置大小轮轴。在行道板上下，通周用龙骨板叶一节一节地用木销子连接起来，就像龙的骨架一样，所以名叫龙骨车。在上端的大轴的两端，各带四根拐木，作脚踏用，放在岸上的木架之间，人扶着木架，用脚踩动拐木，带动下边的龙骨板叶沿木槽往上移动，把水刮上岸来，流入田间。龙骨板叶绕过上端大轴，又在行道板上边往下移动，绕过下端的轴，重新刮水。这样循环不已，水就从低处源源不断地被汲上岸来。

人力龙骨车因为使用人力，汲水量不够大，但凡是临水的地方都可以使用，可以两个人同时摇，也可以一个人摇，使用很方便，因此深受人们的欢迎，是应用很广的农业灌溉机械。

畜力龙骨水车。大约南宋初年，龙骨水车有了新的发展，出现了用畜力做动力的龙骨水车，这是龙骨水车发展的一个新阶段。它的水车部分的构造和前面讲的相同，只是动力机械方面有了新的改进。在水车上端的横轴上装有一个竖齿轮，旁边有一根大立轴，立轴的中部装上一个大的卧齿轮，让卧齿轮和竖齿轮的齿相衔接。立轴上装一根大横杆，让牛拉着横杆转动,经过两个齿轮的转动,带动水车转动,把水刮上来。因为畜力比较大,能把水汲到比较高的地方,汲水量也比较大。

水转龙骨水车。水转龙骨水车大约出现在元初,距今已有700多年的历史了。它的水车部分完全和以前的各种水车相同。它的动力机械装在水流湍急的河边,安装时,先树立一个大木架,大木架中央竖立一根转轴,轴上装有上下两个大卧轮。下卧轮是水轮,水轮上装有若干板叶,以便借水的冲击使水轮转动。上卧轮是一个大齿轮,和水车上端轴上的竖齿轮相衔接。使用时,把水车装在河岸边挖好的一条深沟里,流水冲击水轮转动,卧齿轮带动水车轴上的竖齿轮转动,也就带动水车转动,把水从河中深沟里汲上岸来,流入田间,浇灌庄稼。

在利用流水做动力的灌溉机械上,水转龙骨水车应用了一对大的木齿轮,把水轮的回转运动,传递到水车的轴上,以此带动水车把水刮上来,进行灌溉。这是元代机械制造方面的一个巨大的进步,也是我国劳动人民利用自然造福于人类的一项重大成就。

超过哥伦布的航海壮举

公元15世纪初,郑和七次航海下西洋,不但是我国航海史上的大事,也是世界航海史上的伟大壮举。他的远航不仅比哥伦布和达·伽马的航海早半个多世纪,而且在组织规模和科技水平方面都远远超过了他们。郑和原姓马,小字三宝,云南人,回族。在"靖难之役"中,郑和跟随燕王朱棣出生入死,南征北战,立下很多战功,因此朱棣当上皇帝后,对郑和更加信任,并赐他郑姓,提升为内宫兼太监。由于郑和小字"三保",因此人们也称他为"三保太监"。

郑和成为明成祖的亲信与随从后,广泛接触统治阶级上层人物,开阔视野,增长见识,又由于他为人正直,能与燕王推心置腹,共同商量国家大事,并随时向燕王学习政治、军事及处理各类事物的谋略。跟随燕王之后,耳濡目染,郑和受教育程度又加深了一层。这一切都促使朱棣在寻找下西洋的最佳人选时，首先想到的是郑和。郑和姿貌才智，在内侍当中无人可比，是领航远洋的最佳人选。

从永乐初年起，郑和按照明成祖朱棣的安排转向航海事业。在早期的航海活动中，郑和已在研究和分析航海图、通晓牵星过洋航海术、熟通各式东西洋针路簿、天文地理、海洋科学、船舶驾驶与修理的知识技能。从明永乐三年(1405)至宣德八年(1433)，郑和先后率领庞大船队七下西洋，经东南亚、印度洋远航亚非地区，最远到达红海和非洲东海岸，航海足迹遍及亚、非30多个国家和地区。这七次航行的规模之大，人数之多，组织之严密，航海技术之先进，航程之长，不仅显示了明朝国家的强大，也充分证明了郑和的外交才能。

1405年6月，郑和率领由62艘大海船2.9万余人组成的远洋舰队，由苏州刘家港出发，第一次出使南洋。最大的船长100多米，宽几十米，可容纳1000人，船上有航海图、罗盘针。当时使用的罗盘针分许多方位，划分若干度数，按照一定的方向和度数航行，就可以测出航行的远近。这种罗盘针夜间还兼看星辰，能观星定向，充分显示了中国造船业和航海业的先进技术和劳动人民的伟大智慧。此次航行于1407年9月满载而归。此后，他又先后6次率船队远航，扩大了中国的声威，加强了中国同各国的贸易往来。

郑和船队给所经过的国家带去大量的中国瓷器、铜器、铁器、金银和各种精美的丝绸、罗纱、锦绮、纻丝等丝织品，同时也换回了亚非各国的许多特产，如胡椒、象牙、宝石、染料、药材、硫黄、香料、椰子以及长颈鹿、狮子、鸵鸟、金钱豹等珍稀动物，大大促进了中国与亚非国家的经济交流。郑和虽是明成祖的宠臣，但他却不骄功。在七下西洋的过程中，他尊重他国信仰，建立友好邦交，拓展了明朝的海外贸易，是世界上打开中国到红海及非洲航线的第一人。在他遭冷落守备南京时，仍不忘绘制海图泽被后代，最后逝世于海外，将整个生命都奉献给了中国的航海事业。

郑和的远洋航行，前后七次，都战胜了狂风巨浪，胜利返回，这说明明代初期,我国的航海技术已居于世界前列。当时使用的仪器和掌握的先进技术,包括航海罗盘针、计程法、测探器、牵星板、针路记载、航海图绘制等。这都给远洋航行创造了良好的条件。许多外国商人从海道来中国经商,大都搭乘比较安全的中国海船。

指南针发明以后很快被应用到航海上,航海罗盘也是我国发明的。据史料记载,1099～1102年,我国海船上已经使用了指南针。1123年,徐兢去朝鲜回国后,描写这次航海过程说:晚上在海洋中不可停留,注意看星斗前进,如果天黑,可用指南浮针判定南北方向。这是目前世界上用指南针航海的两条最早的记录。罗盘是航海上最重要的仪器,由领航员掌握决定航向。罗盘上定24向,把罗盘360度24等分,每15°为一向,也叫正针。两个正针夹缝间的一向叫缝针,因此航海罗盘有48向。郑和下西洋时,选择最有经验的人任领航员,船上设有专门放置罗盘的针房。

计程法是计算航速与航程的方法。已知宝船的长度,把木片从船头投下,测出木片从船头到达船尾的时间,以船长除以时间,就得出了航速。当时航海一昼夜分为10更,用燃香计算时间。用航速乘以时间,就可求知航程了。当时,船的航速约为一更30千米。

明代仍以长绳系铁器为测深工具,对浅海和有礁石的航程多做测深记录,以便航行,并记于航海图上。

牵星板是观测星辰地平高度的仪器。测知星辰高度是为了计算船舶夜间所在的地理纬度。郑和的牵星板是一套由12块正方形木板和一块四角缺刻的象牙制成的小方块组成。12块正方形木板,最大的每边长24厘米,以下每块递减2厘米,最小的边长约2厘米。四角缺刻的象牙方块,缺刻四边的长度分别是最小的正方形木块边长的1/4、1/2、3/4、1/8。

用牵星板观测北极星,方法是左手拿木板一端的中心,手臂伸直,眼看天空,木板的上边缘是北极星,下边缘是水平线,这样就可以测出所在地的北极星距水平线的高度。测量时可以用12块木板和象牙块四角缺刻调整使用,求得北极星高度也就求得了所在地的地理纬度。

这种使用牵星板的观测方法叫牵星术。郑和下西洋时，曾派专人负责观测，并做记录。航行的往返都有"牵星为记"。牵星一般是观测北极星，在低纬度看不到北极星时，观测华盖星（即小熊星座 β、γ 星）其他方位，还可以观测织女星和灯笼骨星等。郑和的航海图，保存至今的有明代茅元仪的《武备志》卷 240 中的 20 幅图，标题是《自宝船厂开船从龙江关出水直抵外国诸番图》。20 幅图 40 面，可接连为一幅横条图。图上绘有沿岸地形、岛屿、礁石、浅滩、重要针路。

针路记载开船地点、航向、航程、停泊处所等。航向是罗盘针位，郑和的罗盘针位曾编成《针位编》一书，可惜失传了。

郑和下西洋，前后历经 30 年，其时间之早、规模之大，都是后来的哥伦布、麦哲伦所不能相比的。它比哥伦布发现新大陆早 87 年，比麦哲伦到达菲律宾早 116 年。郑和下西洋后，大大加强了中国与南洋的联系，航路畅通，贸易发展，在世界航海史上写下了极其光辉的一页。

青春永驻都江堰

都江堰是我国最古老、也是世界上最早的水利工程。由于工程宏大、发挥作用经久不衰、经济效益显著、长期为人民造福而驰名天下，成为当今世界社会科学、自然科学及其他科研学者、专家们研究的对象，一批批各国的水利考察团、教育界、学术界人士，甚至各国首脑也专程前往参观。都江堰渠首山水壮观，风景宜人，仰望重重叠叠的高山峻岭，水流湍急而下；俯看成都平原，广袤无垠，渠系四通八达，禾苗四季常青，沃野富饶美丽，因而更加吸引海内外各界人士，旅游观光者更是络绎不绝……

都江堰位于成都平原西部灌县附近的岷江上。它是公元前 250 年李冰任蜀郡守后，领导群众修筑的。都江堰由分水鱼嘴、飞沙堰和宝瓶口三项主要工程组成。分水鱼嘴是中流作堰，把岷江一分为二：东边是内江；西边是外江，是岷江正流。宝瓶口是劈开玉垒山建成的渠首工程。飞沙堰是调节入渠水量的溢洪道。内江从宝瓶口以下进入成都平原上密布的农田灌渠。有了都江堰，成都平原"旱则引水浸润，雨则堵塞水门"，成为富有的粮仓，享有"天府"的称号。

四川青城山都江堰

　　都江堰的规划、设计和施工，都显示了很高的科学水平和创造性。工程规划相当完善，分水鱼嘴、飞沙堰和宝瓶口联合运用，能按照灌溉、防洪的需要，分配洪水、枯水流量。为了控制内江流量，在进水口"作三石人，立三水中"，使"水竭不至足，盛不没肩"。这些石人起着水尺的作用，这是最为原始的水尺。从石人"足"和"肩"两个高度的确定，可见当时不仅有长期的水位观察，并且已经掌握了岷江洪水、枯水位变化幅度的一般规律。通过内江进水口水位观察，掌握进水流量，再用鱼嘴、飞沙堰和宝瓶口的分水工程调节水位，这样就能控制渠道进水流量。由此可以说明，早在2300年前，我国劳动人民在管理灌溉工程中，已经掌握并且利用了在一定水流下通过一定流量的"堰流原理"。

　　据史料记载，在都江堰，"李冰作石犀五枚，……二在渊中"，"二在渊中"是指留在内江中。石犀和石人的作用不同，它所埋的深度是作为都江堰每年修"深淘滩"的控制高度。通过"深淘滩"，使河床保持一定的深度，有一定大小的过水断面。这样可以保障河床安全地通过比较大的洪水流量。可见，当时我们的祖先对流量和过水断面的关系已经有了相当深刻的认识和应用。这种数量关系，正是现代流量公式的一个重要方面。

　　历史发展到了今天，都江堰依然青春永驻，这在世界水利史上是绝无仅有的。如今,都江堰已成为我国的特大型灌区,灌溉面积达 1600 万亩以上,它的周围各种水电站、动力站星罗棋布,愈来愈大地发挥着综合经济效益。

1982 年 3 月,国务院公布都江堰为全国重点文物保护单位,这说明都江堰不仅是世界上"古为今用"、人民长期受益的水利工程,而且是代表我国古老文明的科技瑰宝。

地下宫殿秦始皇陵

世界上原有七大奇迹,1974 年秦始皇兵马俑的发现,令世界震撼,世人称它为世界第八大奇迹。秦始皇兵马俑是中华民族的骄傲和宝贵财富。

千古一帝秦始皇

秦始皇,姓嬴名政,秦庄襄王之子,是中国历史上一位杰出的政治家。公元前 246 年,年仅 13 岁的嬴政被拥立为秦王。8 年后,秦王嬴政在蕲年宫举行加冕礼,亲理国政。此后,嬴政继承了自秦孝公以来的变法革新、奖励耕战的一系列政策,选贤任能,富国强兵,顺应历史发展的潮流。公元前 230 年至公元前 221 年,历经 10 年的统一战争,他先后消灭了韩、赵、燕、魏、楚、齐等诸侯国,结束了自春秋战国以来长达数百年之久的分裂割据、混战不已的局面,建立了中国历史上第一个统一的、多民族的中央集权的封建王朝——秦朝。他自称始皇,是中国第一位皇帝。这位叱咤风云的旷世君主,不仅为后人留下了千秋伟业,还留下了扑朔迷离的陵墓。

秦始皇陵是中国历史上第一个皇帝陵园,位于中国北部陕西省临潼县城东 5 千米处的骊山北麓,南依骊山,北临渭水。它建于公元前 246 年至公元前 208 年,历时 39 年,是由丞相李斯主持规划设计,大将章邯监工的。当时秦朝的总人口约 2000 万,而筑陵的劳役就达到 72 万多人。修陵所用的大量石料取自渭河北部的仲山、峻峨山,全靠人力运至临潼,工程十分艰难。它是中国历史上第一个规模庞大，设计完善的帝王陵寝，是我国劳动人民聪明智慧的结晶。

秦始皇陵的冢高约55.05米，周长2000多米。整个墓地占地面积为22万平方米，内有大规模的宫殿楼阁建筑。陵寝分为内外两城。内城为周长2525.4米的方形，外城周长6264米，所以秦始皇陵被称为世界上最大的地下皇陵。

秦始皇的陵寝如同一座庞大的地下宫殿，是陵墓的核心部分。墓室顶上是天文星宿图，由各种熠熠生辉的珠宝构成。下面是五岳、九州以及由机械驱动水银构成的江河湖海。墓中建有宫殿及百官位次，并燃烧着用人鱼膏做成的蜡烛，永不熄灭。另外，墓中还设有一些机关。整个陵墓金碧辉煌、固若金汤，可以说是一座地下"福地天堂"，所以至今为止，这个神秘的陵墓还没有被打开。

秦王朝是中国历史上辉煌的一页，秦始皇陵集中了秦朝文明的最高成就。

复活的地下军团

秦始皇兵马俑是秦始皇陵的陪葬品，位于陵园东侧1500米处。兵马俑是秦国强大军队的缩影。一号坑是由步兵和战车组成的主体部队。当你站在一号坑前，望着那曾被滚滚黄土掩埋了2000多年的兵马俑，它们那高大的身躯和整个军阵的森严气势，以及军阵所营造的威慑力，可以想象秦始皇当年横扫六合的百万雄师的场面。兵马俑并不只是简单地由泥土

秦始皇陵兵马俑

烧制出来的,仔细观察每个陶俑,你会发现他们每个的服饰、冠带、神姿各不相同。有长了胡子久经沙场的老兵,也有初上战场的青年,有坚毅威武的将军,也有意气昂扬又略带几分稚气的武士,还有身披铠甲,手执长矛的车士。这些兵俑全是根据秦始皇御林军中将士的形象制作的,身高都在1.7米以上,各个身材魁梧。所以,秦始皇兵马俑有"复活的地下军团"之说。

二号坑为步兵、骑兵和车兵穿插组成的混合部队,大致可分为弩兵俑方阵,驷马战车方阵,车兵、骑兵俑混合长方阵,骑兵俑方阵四个相对独立的部队。坑内共有陶俑、陶马1300多件,战车80多辆,并有大量金属兵器。三号坑是整个军阵的指挥部。它呈"凹"字形,有一辆战车和64个武士俑。四号坑被发现的时候,里面什么也没有。

陈列室里,"青铜之冠"四个镶金大字令人炫目。在这里出土的青铜兵器有剑、矛、戟、箭头等,虽然被埋在地下2000多年,却依然刃锋锐利,闪闪发光。1974年,在兵马俑坑的黄土中,考古人员发现了一把完全不同的青铜剑。令专家吃惊的是,这把剑的长度竟然超过了91厘米,秦人能够制造如此之长的青铜剑,实在令人惊叹。

兵马俑原来是有颜色的,考古人员打开封土层之后不到3分钟,陶俑身上的颜色全部被风化了。限于技术原因,兵马俑至今还没有完全打开。

秦始皇兵马俑是20世纪最伟大的考古发现,被联合国教科文组织列入世界文化遗产名录。它不仅是中华民族的骄傲,也给全世界保留了珍贵的财富。

瑰丽的艺术石窟

莫高窟又叫千佛洞,位于甘肃省敦煌县东南鸣沙山东麓。它是现今世界上保存较为完整的佛教美术馆与佛教图像宝库,也是我国规模最大、内容最丰富的艺术石窟。莫高窟中无论是塑像还是壁画,都具有现实主义精神,它们与历史上各个时期人们的思想感情是紧密相连的,是我国历代无数匠师通过宗教的折光,艺术地反映生活的结果。因而,我们说莫高窟艺术不仅仅是佛教艺术,而且还是一座蕴藏丰富、包罗万象的古代文化宝库,更是一部活生生的历史画卷。莫高窟为我们研究古代历史、文学艺术、建筑等提供了宝贵的资料。

前秦建元二年(366)对敦煌来说是一个具有特殊意义的年代。据敦煌遗存的唐武周圣历元年(698)李怀让《重修莫高窟佛龛碑》记载,366年,有一个叫乐僔的和尚,手执锡杖四处云游。这一天的黄昏,在无边无际的沙漠之中,他来到敦煌三危山下,蓦然抬头,只见山顶上射出万道金光,而且金光中有千佛的形状,他认为这一定是佛光宝地。于是他募人在三危山对面的岩壁上修凿了一个洞窟,以供其在此修炼,瞻仰"佛光"。1600多年前,莫高窟第一个石窟就这样产生了。继乐僔之后不久,又有一个从东方来的法良禅师,在鸣沙山的崖壁上,开凿了第二个石窟。当时佛教和佛教艺术已经很盛行了,加上金光千佛的宣传,所以信仰佛教的人就越来越多,他们为了供佛、修炼而纷纷在这里开凿洞窟。这样,敦煌莫高窟就逐步繁荣起来了。

之后,历经北魏、西魏、北周、隋、唐、五代、北宋、西夏、元等10个朝代1000年之久,虽然经过多次战乱和改朝换代,也没能使这一漫长的艺术创造停息下来。古代无数的能工巧匠,利用他们的聪明才智和灵巧的双手,在陡峭的山崖上,勾勒出了一幅幅美丽的图画。

莫高窟现存492窟,全长1618米,根据石窟分布情况,可分为南北二段,石窟几乎都集中在南段,北段的洞窟既少又低小。据粗略估计,莫高窟现有彩塑2400多个,还有数以万计的影塑(先用模型塑好,然后贴在壁上,类似浮雕)、小千佛,壁画总面积有4.5万多平方米,最高的大佛像达30多米,最小的菩萨只有十几厘米。

历史上的莫高窟更壮丽、更辉煌,据现存的唐代碑文记载,那时莫高窟就有石窟数千个,窟前都有木结构的窟檐,并有廊道相接,从现存的6座彩画如新的唐宋窟檐上,还可以依稀看到它往日的风采。莫高窟的崖壁属于玉门系砾岩(也叫第四纪岩层),它是由河水冲积而成,是大小不一的鹅卵石和沙土的混凝物,石子虽然很坚硬,却各个分离,只靠一点粘力不大的钙质胶粘住,因而质地比较松脆,经长期的风沙侵蚀,许多洞窟坍塌了,保存下来的只是极少部分。虽然如此,莫高窟丰富的内容、庞大的面积、高超的技术,仍然令人叹为观止。

同样由于地质的原因,决定了莫高窟不能像其他石窟艺术那样以雕刻为主,只能向塑像和壁画发展,而且在窟外也只能采用木构窟檐。这种建造特点,使莫高窟在外景壮观、气魄雄伟上,有所不足。但莫高窟的塑像、壁画,乃至窟檐表饰、色彩却很丰富,比雕刻更精致细腻,和云冈、龙门、天龙山等石窟艺术比较,莫高窟有着更特殊的艺术价值。除了莫高窟以外,中国乃至世界再也找不到第二个如此庞大的古代塑像壁画群。

莫高窟艺术所反映的佛教内容,可以和"大藏经"相比,同样包容了经、律、论、史四大部分,因此莫高窟就好像是一部佛教的经典。莫高窟艺术按内容形式可分为彩塑和壁画两大部分。按照石窟艺术自身的秩序,塑像是各个洞窟的主体,它统摄着每个洞窟的内容。彩塑按时代划分,北魏有 318 尊,隋朝有 350 尊,唐朝有 670 尊,五代有 24 尊,宋朝有 187 尊,西夏有 8 尊,元代有 9 尊,以上都不包括影塑在内。泥塑所采用的材料,除几个巨大的高达 30 多米的石胎泥塑(在凿窟时留出佛像的大佛形状,外面用泥塑形)外,其他都用木头做身架,外面用谷草、芦苇、芨芨草等包扎,然后用草泥做胎,再用麻刀泥、纸浆泥、棉花泥之类塑形,等到泥干了之后,用颜彩加色,最终制成彩色泥塑。

除彩塑佛像以外,莫高窟还有更多的壁画,所反映的范围虽然没有包罗佛教所有的经典内容,但佛教经典的各部类与宗派历史几乎都有所涉及,内容十分复杂,形式也是多种多样,按其性质大体上可分为经变、说法图、民族传统神话题材、供养人像、图案装饰等五大类,其中内容最多的是经变。莫高窟的壁画除元朝有一窟是水彩壁画以外,其他都属于水粉壁画。绘制壁画首先要用泥涂平洞面,泥里面需要加上碎草或麻筋,以防止其脱落,等泥干了之后,再涂上一层薄薄的石灰,打磨光滑,这样就可以在上面绘制壁画了。画时一般先用赭红线或淡墨线打底,然后用各种颜料一层层地涂抹绘制,最后用色或墨线描绘一次就画成了。莫高窟壁画所用的颜料大都是粉质的,其中烟炱、高岭土、石青、石绿、朱砂、赭石等为矿石颜料,可以经久不变,所以许多壁画经历了千年,颜色仍很艳丽。

在莫高窟里还有一个闻名于世的藏经洞——第十七窟,它曾是个极不起眼的小窟。据说在改朝换代和战乱中,一些官员和僧人在逃跑时无法带走宝物,便将它们藏在某个洞中,也就是这个第十七窟。到了 19 世纪末,莫高窟由道士王圆

莫高窟壁画

箓当家。由于他的愚昧无知,毁坏了一部分宝物,还卖给了前来探险的英国人斯坦因等外国人,后来又因为保护不力,使得那些宝贵的经卷、壁画等纷纷流到海外,造成了不可挽回的损失。

莫高窟获得新生是在 1949 年,这一年,敦煌获得解放,莫高窟回到人民手中,受到政府的保护。1950 年,中央人民政府把敦煌艺术研究所改组为敦煌文物研究所。1961 年,莫高窟被国务院列为全国重点文物保护单位。此后,国家对莫高窟进行了大量的维修保护工作。改革开放后,莫高窟越来越受到党和人民的重视,对其保护更加完善,对其研究更加深入,古老的莫高窟重新焕发了青春。

地球上第一条大运河

京杭大运河是世界上最长的人工河流,也是开凿最早、规模最大、里程最长的运河,它的设计和布局都很科学,在世界航运史上写下了光

辉的一页。

隋朝时期，为了加强对南方的政治、军事统治，漕运南方的粟子和丝帛，以满足中央政权机构的需要，朝廷下令开凿大运河。

开皇四年(584)，隋文帝为解决交通运输的困难，"令工匠，巡历渠道，观地理之宜，审终久之义"，进行勘察，接着令大臣宇文恺率水工开凿广通渠，长900余里，把渭水由大兴城引至潼关。隋炀帝在兴建东都洛阳的同时，又开凿以洛阳为中心的大运河。大业元年(605)，隋炀帝征调河南、淮北100多万民工开凿济渠，自洛阳引穀水、洛水至黄河，又从板渚引黄河水，疏通浚仪渠改道入淮河。另又调集淮南十几万民工疏通邗沟，由江苏淮安引淮河水经江苏扬州南部进入长江。据《大业杂志》说："工程水面阔四十步，通龙舟。两岸为大道，种榆柳，自洛阳至扬州二千余里，树荫相交。"大运河沿岸建有许多驿站和离宫，工程于(605)秋天完成。大业四年(608)，隋炀帝又征发河北100多万民工开凿永济渠，引沁水南通黄河，北到北京，长约二千多里。大业六年(610)再开江南河，由江苏镇江引长江水直通浙江杭州，进入钱塘江，全长八百多里，河面宽约十丈。

隋朝大运河成为我国南北交通的大动脉，对于加强南北的联系和经济交流，促进全国统一和发展全国经济文化，都发挥了积极的作用。自大运河开通以后，运河中"商旅往返，船乘不绝"。唐朝前期还利用大运河和南方河流、湖泊构成一个水通网，运河两岸，商业都市日益繁荣，杭州、扬州、镇江等地成为物资和人文荟萃的繁荣城市。

元代建立以后，在隋朝大运河的基础上，截弯取直，自临清以南选择了山东丘陵以西的平原地带，开济州河、会通河等与江苏的运河河道相连，凿成京杭大运河，纵贯河北、山东、江苏、浙江四省。由于大运河穿过海河、黄河、淮河、长江四条巨大的江河，工程相当繁杂，辟水源、保水量，更是运河工程的关键所在。元代在开凿时，很好地解决了这些技术上的难题，保证了运河的通航。京杭大运河建成以后，一直到京广铁路和津浦铁路修成以前的600年中，始终是我国南北交通的大动脉。

不过,元朝在山东境内开凿大运河时,有些地段由于地势较高,水源不足,给航运造成很大的困难。这个难题一直到了明代,由一位名叫白英的老船工解决了。

明永乐九年(1411),工部尚书宋礼奉命整顿山东境内已经很难通航的这段河道时,因为要穿过黄河,地势高低悬殊,水流湍急,不便航行,是一项十分艰巨的工程。宋礼对此束手无策。后来由于采用了白英的合理建议,才得以圆满解决。

白英是一位具有丰富实践经验和熟悉汶河水文与沿河地形的老船工。他选择了这段运河上的最高点,然后设法把汶河的水全部汇集到那里,使它南北分流;沿运河还利用地形修筑"水柜"蓄水,解决了水源问题,又修建了30多座水闸,节节控制,分段平缓水势,以利通航。这段运河穿过黄河,于是他采用水流由运河注入黄河的方法,从而避免了黄河泥沙进入运河、堵塞河道的大问题。白英提出的筑坝、开河、导泉、挖湖以及建闸等一系列措施,很好地解决了南北大运河的通航问题。

大运河工程浩大,动用数百万民工,全长四五千里,沟通了海河、黄河、淮河、长江和钱塘江五大水系,是世界水利史上的伟大工程。从现代的眼光看,这样巨大的工程,又穿越繁杂的地理环境,从设计、施工到管理,要涉及测量、计算、机械、流体力学等多方面的科学技术知识,要解决一系列科学技术上的难关。这种工程的出色完成,充分地展示了我国古代劳动人民的聪明才智和创造精神!

"车马千人过,乾坤此一桥"

河北省赵县城南2.5公里的洨河上,有一座中国现存最古老的大石桥。它气势宏伟,造型优美,结构奇特。这就是闻名中外的赵州桥。赵州桥,又名安济桥,它的设计者是隋朝的工匠李春。

关于李春,我们知之甚少,唐朝人张嘉贞在《赵州桥铭》中简略提到"赵州洨河石桥,隋匠李春之迹也"。除此以外,没有更详细的记载。中国历史文献浩如烟海,一部二十四史,记录了多少的帝王将相、文人词客。可是在中国古代科技史上作出如此杰出贡献的李春,却无一席之地。令人欣慰的是,雄跨洨河千余年的赵州桥——中国古代桥梁史上的奇巧工程,却足以使李春流芳百世了。

赵州位于燕赵南来北往的交通要冲,当时的洨河到了雨季经常河水泛滥,交通因而常受阻断。李春立志要改变这种状况,他认真总结前人的建桥经验,于隋炀帝大业元年(605 年)着手设计赵州桥,约于大业十三年(617 年)建成。赵州桥至今已有 1300 多年的历史,是世界上寿命最长而又能继续使用的古桥。我国在赵州桥以前,有过不少石拱桥,但也未能保留下来。在外国,欧洲罗马帝国时代也有过石拱桥,但都未能保留下来。所以赵州桥闻名中外,在中外桥梁史上占有极其重要的地位。

张嘉贞在《安济桥铭》中说,赵州桥"制造奇特,人不知其所为"。张氏在铭文中盛赞赵州桥造型精妙,结构严实,其他桥梁没有哪一座可以和它相比。赵州桥的寿命如此长久,同它的建筑和结构上的特点是分不开的。

中国古代传统建桥方法,一般较长桥,往往采用多孔式。李春设计赵州桥,却采取单孔跨石拱形式,在河心不立桥墩,使石拱净跨度达 37.02 米。跨度大小是桥梁先进与否的标志,而赵州桥的跨度在当时是举世无双的,是一个空前的创举。在桥拱形式上,一般的设计都是半圆形,而李春设计赵州桥却创造性地采用扁弧形,使桥面坡度半缓,便于行走。为了增加泄洪能力,李春在大拱券两肩上各设计两个小拱。这种设计方式,不仅使桥造型美观,更重要的是可以增大排水面积,减轻洪水对桥身的冲击力,同时还可以减轻石桥本身的重量,从而增加桥的稳定性。这种大拱上加小拱的布局,近代称为"敞肩型"。赵州桥就是世界敞肩拱桥的先驱,它比法国人建造的同类型的赛兰特大桥早 700 多年。

赵州桥不仅设计精巧,而且建筑技术也很高明:桥址选择合理,桥基稳固牢靠。它选定洨河一片密实的粗沙石层作为石桥的天然地基,上面覆盖五层石料砌成桥石,拱石就砌在桥石上面。所以尽管地基很浅,仍能承受巨大的载荷。在石拱砌置方法上,采用了纵向并列砌置法,这种砌法既节省砌架的木料,又便于移动,同时又利于维修。赵州桥建成后,已经历了1300多年的风雨洪水侵蚀,八次以上强烈地震的考验,至今巍然横跨在洨河上。赵州桥不仅是中国拱桥的典范,而且在世界桥梁史上也占有光辉的一页。赵州桥的设计和建造,充分表明了中国古代劳动人民在桥梁建造方面的丰富经验和聪明才智。

赵州桥不仅是一座建筑杰作,而且在艺术上也是一件艺术珍品。它的主拱由二十八道拱券并列组成,在曲梁如波、弧形平坦的主拱线上,对称地轻伏着四个小拱,巨身空灵,线条明快,轻盈秀逸。从桥的两侧看,高低起伏三条波线,即桥面纵坡线、护拱石线和大拱圆弧曲线。小拱稍作收回,上下各起两条线,腰铁、勾石、铁拉杆、半圆球头均匀点布其间,为桥的横向建筑形象增添了几分神韵。在仰天石(现称帽石)和龙门石(现称锁口石)上,分别装雕着莲花和龙头。龙头代表着想象中的吸水兽,寄寓古桥不受水害、永久长存的良好愿望。石桥的栏板、望柱上,雕刻着行龙、蛟龙等。它们或单现或双成,或盘踞戏水,或鳞甲披身或花叶宝珠衬托,变幻多端,神态逼真,栩栩如生,无一不是隋朝雕刻之精品。

赵州桥巨身空灵,稳固而轻盈,寓雄伟于透逸,融技术和艺术为一体,成为"车马千人过,乾坤此一桥"。历代文人留下了浩繁的题铭和吟诵,诸如"驾石飞梁尽一虹,苍龙惊蛰背磨空"、"月魄半轮沉水底,虹腰千丈驾云间"、"谁掷瑶环不记年,半沉河底半高悬",

位于河北赵县城南的赵州桥

等等。赵州桥的巧妙是历代有口皆碑的。人们甚至把李春当成了土木工匠祖师鲁班,当地还流传着那首脍炙人口的民歌《小放牛》:"赵州桥,鲁班爷修……"

赵州桥不仅是世界桥梁建筑史上一项划时代的工程,还是一座高度的科学性和完美的艺术性相结合的珍品。它在中国桥梁史上具有承前启后的重要意义,它所创立的大跨度石拱桥的建筑技术为以后桥梁建设开创了先河。隋唐以后,一带陆续又建造了许多类似的大型石拱桥,如山西的普济桥、晋城的景德桥,河北赵县的永通桥、济美桥等,都受到赵州桥建筑风格的影响。1991 年 10 月,赵州桥被美国土木工程学会选定为第十二个国际历史土木工程里程碑。

辉煌灿烂的故宫建筑

在北京市中心,有一座辉煌壮丽的古建筑群。自 1420 年明朝永乐皇帝朱棣迁都于此,先后有 24 位皇帝(明朝 14 位,清朝 10 位)在这座宫城里统治中国将近 500 年之久。皇帝办公、居住之所,自然规模宏大,气势磅礴,金碧辉煌。时至今日,这里不仅在中国,在世界上也是规模最大、保存最为完整的古代皇家宫殿建筑群。由于这里是帝王之家,中国古代建筑艺术中最优秀和最独特的部分都在这里得到集中的体现,所以它成为中国建筑史上的经典之作,1987 年已被联合国教科文组织评定为世界文化遗产。

故宫是 1925 年以后的称谓,原来叫紫禁城,为什么称皇家宫殿为紫禁城呢?古代用紫微垣(星座名)来比喻帝王宫殿,帝居在秦汉时又称为"禁中",意思是门户有禁,不可随便入内,这就是故宫又被称为紫禁城的缘由。

故宫始建于明永乐四年(1406),以明朝在南京的宫殿为蓝本,基本建成于永乐十八年(1420),后经明清历代皇帝的不断整修和扩建,成为一个宏伟壮观的建筑群,共占地 72 万多平方米,四周环绕着 10 米高的城墙,长约 3400 米,宫墙外环绕着宽 52 米的护城河。内有宫室 9999 间半,有人做过这样一个设想:一个刚出生的小孩,如果他在故宫的每间房住一天,等他把所有的房子都住过一遍时,他就长到27岁了。

故宫是中国封建王权的象征,这一点在它的建筑形制上得到了充分体现。其建筑格局讲究均衡对称,建筑规模庞大,防卫系统森严,建筑外形庞大而庄重,内部装饰富丽堂皇,无处不体现出威严的皇家气质。故宫的布局以南北中轴线上的建筑为主,东西两侧建筑呈对称分布,所有的建筑从规模到屋顶样式,一律保持严格的等级差别。故宫大体上可以分为南北两大部分,南部为工作区,即外朝,是皇帝举行大典、处理政事的地方;北部为生活区,即内廷,是皇帝居住并处理日常政务以及后妃、皇子居住、游玩和祭祀的地方。此外,在内廷东六宫的东面还有一组宫殿,以宁寿宫为主,俗称"外东路",是乾隆准备在让位给儿子,自己做太上皇时居住而建造的。西六宫的西面前方由慈宁宫、寿安宫等建筑组成,是皇帝平日办事和他的后妃居住生活的地方。

故宫有四个大门,南门名午门,东门名东华门,西门名西华门,北门名神武门。穿过天安门、端门,就到了故宫的正门——午门。午门位于京城南北的中轴线上,因正处于子午线上而得名,于明永乐十八年(1420)开始兴建,清顺治四年(1647)重修。午门高37.95米,下面是高大的砖石墩台,台正面有垛墙环绕着。墩台正中有三个门洞,左右各有一披门,俗称"三明五暗"。五座楼阁建于墩台上,俗称五凤楼,主楼面阔九间,为重檐庑殿顶,其余四座楼为重檐攒尖顶,气势雄伟,辉煌壮丽。午门后有五座精巧的汉白玉拱桥通向太和门。明清时出入午门有严格的等级规定,正门只供皇帝出入,此外只有皇后大婚时入宫才可以走一次,殿试考中状元、榜眼、探花的三人可以从此门走出一次。平时,文武官员从东偏门出入,王公大臣从西偏门出入。

外朝三大殿即太和殿、中和殿和保和殿是宫城中的主体建筑,建筑在8米高的三层汉白玉石阶上,庄严、宏伟。

太和殿坐落在紫禁城对角线的中心,俗称金銮殿。明初开始兴建,原名奉天殿,后改称皇极殿,清顺治二年(1645)才改为太和殿。现存殿重修于清康熙三十四年(1695)。太和殿在全国木结构建筑中规模是最大的,面积2377平方米,面阔11间、进深5间,外有廊柱一列,全殿内外总共立有大柱84根。殿高约35米、宽约63米,殿内有金漆雕龙宝座、沥粉金漆柱,天花板上有蟠龙藻井图案。这里是封建皇帝向全国发号施

故宫太和殿外景

令、举行庆典的地方,明清两代共有24位皇帝在此登基,宣读即位诏书。

中和殿在太和殿后,高27米,是屋顶有4条垂脊的亭子形的方殿,形体壮丽,建筑精巧。四脊顶端聚成尖状,上安铜胎鎏金球形的宝顶,建筑术语上叫四角攒尖式。皇帝在举行大典时,在去太和殿之前先在这里休息,接受内阁大臣的朝拜。每逢加皇太后徽号和祭祀前一天,皇帝要在这里阅览奏章和祭文。

三大殿中最北的一座是保和殿,高29米,是屋顶有9条脊的殿堂。乾隆后期,殿试由太和殿改在保和殿举行。保和殿后有一块故宫内最大的石雕——丹陛石,重250吨,上面雕有九龙、祥云、寿山、福海等装饰。

保和殿后面是一片广场,内廷的正门——乾清门将外朝与内廷隔开。进入乾清门便是乾清宫,清康熙帝前此处为皇帝居住和日常活动的地方,有暖阁9间,每间都分上下两层,各有楼梯相通。每间屋子安3张床,以便皇帝随意换床睡觉,防止被人暗害。乾清宫正屋内的"正大光明"匾的后面,是藏秘密立储匣的地方。这个秘密立储的办法,由雍正创立。清雍正后皇帝移居养心殿,但仍在此批阅奏章,选派官吏和召见臣下。

交泰殿在乾清宫和坤宁宫之间,是内廷的小礼堂,含天地交合、安康美满之意。该殿建于明代,清嘉庆三年(1798)重修,是座四角攒尖、镀金宝顶、龙凤纹饰的方形殿。明清时,册封皇后的仪式以及庆贺皇后诞辰

的典礼,都在这里举行。清代皇后去祭坛前,需在此检查祭典仪式的准备情况。清代的"宝玺"(印章)也收藏在这里,乾隆收藏的代表皇权的25颗宝玺现在仍在殿中。交泰殿后的坤宁宫在明代是皇后的寝宫,清代改为祭神场所。其中东暖阁为皇帝大婚的洞房,康熙、同治、光绪三帝,均在此举行婚礼。

在西六宫的南面是养心殿,从雍正皇帝起,这里就成为皇帝理政和寝居之所,慈禧太后也在此垂帘听政,时间长达40余年。养心殿最西的一间名为"三希堂"。因乾隆将王羲之的《快雪时晴帖》、王献之的《中秋帖》和王珣的《伯远帖》三件稀世珍品藏在这里而得名。

在故宫东侧有宁寿宫,建筑自成一体,俗称外东路。现在,宁寿宫的乐寿堂已成为珍宝馆,其中有几件稀世珍宝:一件是金发塔,用黄金3440两,里面存放着乾隆生母孝圣皇后的头发;一件是大禹治水玉山,重5吨,是我国现存最大的玉器;还有一件是象牙席,雍正时由广州牙匠编织,据记载,当时共做了5件,现在有3件传世,其中两件藏于故宫。

坤宁宫后的御花园、慈宁宫前的花园和宁寿宫附带的花园,是故宫内廷的三大花园,是皇室人员游玩之所。作为皇家御园,这三座花园都建造精美,颇具匠心,充分应用了中国传统营造园林的方法,既有与主体建筑的对称,又有局部、细节之处的不对称。园内有高耸的松柏、珍贵的花木、山石和亭阁,方寸之地大有奇巧,存在于富丽庄严的殿堂里,别具一种幽美恬静的气氛。

故宫的四角有四座高大的角楼,最初是与护城河及城墙共同构成防卫系统,后来则以观赏为主。角楼高27.5米,屋顶有三层檐,共用六个顶组成,形成多角多檐、多层脊的造型,结构奇丽。面对故宫北门,有用土、石筑成的景山,满山松柏成林。山分五峰,每峰各建一亭,巍峨矗立。在整体布局上,景山可以说是故宫建筑群的屏障。

故宫是中国建筑史上的一颗明珠,素有"宫殿之海"的美称,她的雄伟、堂皇、庄严、和谐,都可以说是举世罕见的。故宫的每一块砖瓦,每一座殿宇,都渗透着劳动人民的智慧与血汗。在当时的社会生产条件下,能建造这样宏伟高大的建筑群,充分反映了中国古代劳动人民的聪明才智和创造才能。在故宫中游览,你既可以见识封建王朝最高的政治中心和帝王的居住地,又可以集中了解中国古代的建筑文化,可谓是一举两得。

明清园林艺术

明清的园林主要有皇家园囿和私家园林两大类。皇家园林如北京西郊的颐和园、热河的避暑山庄、玉泉山的静明园等。私家园林如苏州的拙政园、无锡的寄畅园、扬州的个园等。

明清园林建筑的技术手法与建筑原则都有很高的成就。建筑园林一般分两大部分,即建筑物与景观。建筑物以厅堂、楼阁、榭亭为主,以回廊、石舫、围墙为辅,各景区主次分明,互相联系,各具特色。设计力求自然,富有曲折感,很少采用简单的几何图形,以避免单调感。充分利用对景手法造景,从一定的观赏点来取景、造景。水景有聚有分,以聚为主,以分为副,包括湖池、堰闸、瀑潭、溪涧、喷泉等。叠造假山,形态各异,做法有立峰、压叠、构洞、刹垫、榻缝等技术。绿化植物奇峰怪石相配搭,构成姿态、色香俱佳的艺术效果。

明人计成的《园冶》一书,是明代园林建筑的经验总结,也是世界上第一部系统研究造园技术理论的著作。

计成建出身于擅长书画的家庭,他从小学画,擅长山水。中年后,曾出游燕、楚,40岁左右回到江苏镇江。在偶然的堆造石壁时,他显露出了非凡的才华,从此开始了终生的造园事业。

计成建造的第一个名园,是常州吴玄的东第园,这使他一举成名。第二个名园是为汪士衡所造的寤园,获得更大成功,使他驰誉大江南北。崇祯六年(1633),他为好友郑元勋建造影园。崇祯八年(1635)前后,影园建成。在阮大铖帮助下,刊刻了《园冶》一书。

《园冶》分三卷,卷一分兴造论、园说、相地、立基、屋宇、装折等内容。

兴造论与园说,阐述造园之意义,强调造园重在表现意境,提出"虽由人作,宛自天开"为最高境界。

相地、立基是根据不同的地形、江湖溪涧的特点,进行与自然环境相统一的设计。屋宇、装折论述了殿堂、楼阁、台榭等建筑。

卷二栏杆,论述了具体建筑要服从整体造园的需要,不能孤立独行。书中画出了各种栏杆图式100种。

卷三分门窗、墙垣、铺地、掇山、选石、借景六篇,叙述具体的建筑技术,其中"掇山"和"选石"最为重要。"掇山"又分为园山、厅山、楼山、阁山、书房山、池山、内室山、峭壁山、山石池、峰、峦、岩、洞、涧、曲水、瀑布等项叙述。其桩木理论和掇山途径提倡因地制宜,因材致用。作者依据自己的经验,在"选石"中列出16种石头,指明每种石头产地、石性和如何造景使用。

"借景"是中国园林艺术的传统表现手法,计成认为是园林最重要的技术,有"远借、邻借、仰借、俯借、应时而借"等方法。

《园冶》的建筑理论,是以"巧手因借,精在体宜"为原则,以山水为变化的丰富内涵,力求创造"虽由人作,宛自天开"的境界,获取天然之趣。这种天人一体的思想,告诉我们只有将建筑、山石、流水、绿化等都以自然的存在为依归,进行布局构建,才能创造出自然和谐、含蓄深邃、别有天地的情趣,取得一种幽静、雅致、闲逸的风格。该书成为世界园林建筑艺术中,别具一格的中国园林学思想理论著作。

"为中国人吐气"的京张铁路

詹天佑是我国第一位杰出的铁路工程师,他主持修建的京张铁路,终于让长期在工程技术方面处于落后地位的中国人扬眉吐气,也为整个中国工程技术在世界上取得了地位。

詹天佑的祖籍是安徽省婺源县(今属江西省)。他的曾祖父由于经销茶叶,就举家移居到了广东南海县。詹天佑就出生在这里。

幼时的詹天佑像其他孩子一样被送进私塾读四书、五经等儒家教科书,但小小年纪的他似乎对孔子那套说教不感兴趣,而是喜欢把泥巴捏成小器械之类的东西,还常常把家里的自鸣钟偷偷拆开然后再装上。

1871年,中国第一位海外留学生容闳在上海、香港等地招收幼童去美国留学,聪明伶俐的詹天佑被选中。次年,詹天佑便随第一批30名儿童一起,从上海出发,漂洋前去美国。在那里,詹天佑刻苦攻读,于1875年考入了丘房高级中学,毕业时,他的成绩名列全班之首和全校第二,成为幼童留学生中的佼佼者。1878年7月,他考入了著名的耶鲁大学雪菲尔学院专攻土木工程。1881年,年仅20岁的詹天佑以优异的成绩获得了学士学位,他是全部幼童留学生中获得学位的仅有的两人之一。同年8月,詹天佑怀着满腔的爱国热忱回到了阔别八年之久的祖国,从此开始他的科学报国之路。然而,当时腐败的清政府却处处软弱,詹天佑满腹才学却无施展之地。

1887年,迫于种种外界压力,清政府在天津成立了"中国铁路公司"。这样,詹天佑才结束了那种学无所用的压抑处境,被聘为铁路工程师。他以极其兴奋的心情来到天津,以为可以在铁路建设上大显身手了,但事实却很令人失望——中国的铁路修造大权都操纵在帝国主义者手里,中国的工程技术人员根本得不到重用。因此,詹天佑只好忍气吞声、委曲求全地在非常有限的范围内,为祖国的铁路事业效份力。

皇天不负有心人,机会终于来了! 1891年,"中国铁路公司"计划建筑从天津到沈阳的关内外铁路,聘英国人金达为总工程师。当工程进展到滦河时,需要架设一座横跨滦河的大铁桥。金达先请英国工程队包工承建。滦河河底淤泥很深,英国工程师钻探马虎,加上水涨流急,一时无法打桩。后来日本、德国的工程师,采用空气打桩等方法,也先后失败了。无奈之下,金达才决定让一向不被他们看在眼里的詹天佑试一试。詹天佑认真分析外国工程师失败的原因,仔细研究滦河河床的地质土壤状况,经过缜密的测量和调查,决定重新选定桥址,采用崭新的气压沉箱法,用中国的"水鬼"潜入水底,以传统的方法配合必要的机器进行打桩,终于取得了成功!

詹天佑从此名声远播海外。1894 年,他被英国工程研究会推选为会员,这是该会的第一位中国会员。1902 年 10 月至 1903 年 2 月,詹天佑负责修建京汉铁路高碑店至易县梁格庄长 45 千米的西陵支线。这是第一条完全由中国人主持修建的铁路。

詹天佑一生参加了许多重要铁路是筹备和建设,其中贡献最大的是他成功修建了被人们誉为"为中国人吐气"的京张铁路。京张铁路的联结北京和北方重镇张家口的一条铁路干线,军事上、政治上、经济上都有着重要的地位。其全长虽不过二百千米,但必须通过地势险陡的燕山山脉,其中南口以北被称为关沟段的居庸关、青龙桥、八达岭一带,更是层峦叠嶂、溪涧纵横,自古有天险之称。1905 年,当得知京张铁路由中国人自己修建时,外国人竟狂妄地宣称:"中国会修关沟这段铁路的工程师还没有诞生呢!""中国人想不靠外国人自己修铁路,就算不是梦想,至少也得五十年。"

在狂妄和轻蔑之下,詹天佑没有退缩。他说:"中国地大物博,而于一路之工必须借重外人,引以为耻。"他还给身边的中国工作人员打气说:京张铁路成功与否,决不是个人的事,而是关系着我们国家名誉和主权的大事,"全世界的眼睛都在望着我们,必须成功!"

1905 年 5 月,詹天佑在人才奇缺的情况下,着手筹组了工程局。工程局成立后,他带了几个学生和工作人员开始测线。为了找一条理想的线路,詹天佑多方搜集资料,亲自登门拜访当地农家,常常是"昼则茧足登山,夜则绘图计工,席不暇暖,无一息之安"。他不时告

京张铁路的"人"字形道口

诚工作人员:"技术第一要求精密,不能有一点含糊和轻率。"数月之间,他们踏勘了三条线路,最后确定了一条最理想的路线。

从南口到康庄的第二期工程,是京张铁路中最艰巨的一段。他们碰到的第一个难题是要开凿居庸关、八达岭两大隧道。居庸关山势高,岩层厚,隧道长 400 米;八达岭隧道长度是居庸关隧道的三倍,而且全是坚硬难凿的花岗岩。第二个难题是地势高陡,尤其是八达岭一带,平均每一千米就升高 33 米,若采用正常螺旋式线路,列车难以爬上去。詹天佑全力以赴,勇往直前,克服困难,两个难题均迎刃而解。首先,他精心设计了两头对凿和中间竖井的开凿隧道的方法。他把总工程师办事处搬到工地,亲临现场指挥,对定线、定位、放炮等重要环节亲自过问,并与工人一起排水。经过两年艰苦奋战,终于将两条隧道打通。接着,他又巧妙地设计出了一种独特的折返线路,即从青龙桥起,依山腰铺设"人"字形路轨,列车至此改用两部大马力机车,一前一后,一拉一推,通过"之"字交叉口再调换方向,推的改作拉,拉的改作推。这种创造性的设计,既简易可行又减少了线路的长度。

居庸关和八达岭隧道打通后,詹天佑特地邀请外国工程师金达、喀克斯等人前来参观。当他们坐着专车巡视过后,都赞不绝口。

本来,按西方人估算,京张铁路需六年才能完成,但在詹天佑的主持下,只用了四年时间就胜利完工,并节约工款银 35 万 6 千余两(京张铁路每千米造价 4800 银元,为津浦铁路每千米 11900 银元的 41%),实现了詹天佑"花钱少,质量好,完工快"的要求。

京张铁路的胜利通车,粉碎了外国人的无耻谰言,大长了中国人的志气,是中国铁路史上,也是中国近代史上光辉灿烂的一页。詹天佑的名字从此与中国铁路紧密地联系在一起。

在詹天佑的整个铁路修筑生涯中,除了京张、西陵支线外,他还主持修建了津沪、沪宁、潮汕、粤汉、川汉、道清等铁路工程,为中国的铁路事业做出了极其卓绝的贡献。为了纪念这位杰出的爱国铁路工程师,后人在青龙桥车站为他建立了一座全身铜像,供世人瞻仰。

造福斯民

马可·波罗见到了中国煤

元朝时候,意大利旅行家马可·波罗环球旅行来到中国。当他看到人们用煤作燃料取暖烧饭时,感到十分惊奇。后来,他在自己的游记《马可·波罗游纪》中写了这样一段关于煤的文字:中国"有一种黑石,采自山中,如同脉络,燃烧与薪无异,其火候且较薪为优,盖若夜燃火,次晨不息。其质优良,致使全境不燃他物"。在马可·波罗的游记问世以前,我国用煤作燃料已有近千年的历史,而当时的马可·波罗却对煤一无所知。由此可知,当时我国用煤的历史同世界其他国家相比是何等的久远。

我国是世界上发现与使用煤最早的国家。在我国,煤的发现可以追溯到新石器时代晚期。不过,当时煤并不是用作燃料,而是被当作一种珍贵的雕刻原料。1956年,在陕西宝鸡茹家庄两座古墓中,挖掘出200多件用煤玉雕刻的一种环形装饰品——玦。1973年,在辽宁沈阳新乐新石器时代遗址中,也出土了46件用煤玉雕成的装饰品。

在我国古籍中最早记载煤的是《山海经·五藏山经》。书中记载说:有"女床之山,其阳多赤铜,其阴多石涅"、"女儿之山,其上多石涅"、"风雨之山,其上多白金,其下多石涅"。这里的"石涅"就是现在所说的煤。而西方关于煤炭的最早的文字记载,则始于315年,比我国晚了近800年。

中国开采煤矿及使用煤始于西汉,这可从1958~1959年发掘出的巩县铁生沟遗址得到证实。这一遗址是西汉中后期的冶铁遗址。在2000平方米范围内,发掘出来矿石加工厂一处,各式冶炼炉、熔炉、锻炉20座,还有藏铁坑、配料池、铸造坑和淬火坑等附属设备,各式各样的冶炼器材及其产品。考古学家对发现的遗迹和遗物初步考察后得知,矿石是经过铁锤砸击,筛子筛过,成为大小均匀的颗粒后,又加入一定比例的石灰石或石英石作为熔剂,分层入炉开始冶炼的。燃料有木柴、原煤和煤饼三种。原煤和煤饼用于冶炼,说明在当时煤早已成为燃料而被人们使用了。而英国在13世纪才开始采煤,比我国晚了1400多年。

我国大规模开采与普遍使用煤炭,开始于北宋末年。据《宋史·食货志》记载:"崇宁末,官鬻石炭增卖二十余场。""河东铁炭最盛。"庄绰《鸡肋编》卷中称:"昔汴都数百万家,尽仰石炭,无一家燃薪者。"朱翌的《猗觉寮杂》还指出:"石炭自本朝河北、山西、山东、陕西方出,遂及京师。"可见北宋末年,石炭场林立,产煤区有河北、山西、山东、陕西及西北各地,其中以河东(山西)最盛,汴都(开封)数百万家全用石炭,可以想象当时开采的规模与交易的盛况。考古发掘也证明了这一点。1960年1月,在河南鹤壁市发掘出北宋晚期煤矿遗址。此遗址藏煤量非常丰富,井为圆形竖井,直径2.5米,深46米左右。从采煤区的分布上来看,当时已运用了先内后外逐步撤退的"跳格式"采掘方法。在遗址中部还发现了排除地下积水的排水井。从遗址的范围之大、废弃工具之多来推测,从事开矿采煤生产的人数一定很多,煤炭产量也相当高。

1961年,在广东新会发掘出南宋咸淳六年前后的炼铁遗址。在遗址中除发现炉渣、石灰石、矿石外,还有焦炭出土。由此可以证明,在南宋末年,我国高炉已使用了焦炭。

我国古代的采煤业,经历了宋、元、明三个朝代的发展,到了明清之际,对于煤的种类认识和鉴别,以及采煤技术都积累了丰富的知识。

明末科学家宋应星在《天工开物》中对煤的种类、采煤技术作了详细记载。书中写道:"凡取煤经历久者,从土面能辨有无之色,然后掘挖。深至五丈许,方始得煤。初见煤端时,毒气灼人。有将巨竹凿去中节,尖锐其末,插入炭中,其毒气从竹中透上,人从其下施镢拾取者。或一井而下,炭纵横广有,则随其左右阔取,其上支板,以防崩压耳。凡煤炭取空而后,以土填实其井。"书中不但记载了找矿、采矿,而且记述了排除一氧化碳和防止塌陷的措施。可见当时对采煤已经形成了一套比较完整的技术。

今天,煤炭作为主要的能源已经广泛地应用于人类生活的各个方面,当我们看到煤在人们的生活中是多么重要时,应该想到,我们的祖先最早发现了煤,并率先使用了它,这是作为炎黄子孙的我们,应该引以为自豪的。

世界最早开发的天然气田

天然气是蕴藏在地下的一种可燃性气体。它和石油、煤一起构成当今世界能源的三大支柱。

我国是世界上最早开发和利用天然气的国家。世界上最早开发的天然气田就位于我国四川省自贡市、富顺县和荣县境内,历史上称之为"自流井场"。

远在春秋战国时期,我国古代人民就已在四川凿井汲卤,获取井盐。人们在凿井时发现了能喷射火焰的"火井",以后就引用天然气为燃料来熬盐。制盐业的发展促进了采气业的发展,同时也推动了凿井技术与采气技术的进步。在1041~1053年间,凿井技术产生了一个重大的革新——卓

四川天然气田

筒井。人们已经能用顿钻技术钻凿约碗口大小的小口深井。

钻井技术和工具的发展,为自流井气田的开发创造了条件,自流井构造的浅气层得到大规模的开发。明代以后,钻井过程演化为七道细密

的工序,使用了木制导管和采用石圈作为固井设备。明清的钻井技术是古代钻井技术的总汇。因此,18世纪以后,深800多米的盐气井纷纷出现,以此为契机,导致了19世纪60年代前后对自流井气田的大规模开采。

清朝李榕在《十三峰书屋文稿·自流井记》中说:"道光初年见微火,时烧盐者率以柴炭,引井火者十之一耳。至咸丰七八年而盛,至同治年而大盛。"又"火之极旺者曰海顺井,可烧锅七百余口;水、火、油三者并出,曰磨子井,水、油二种经过二三年而涸,火可烧锅四百口,经二十余年犹旺也。德成井水,卤水熏人至死,可烧锅五百口,水自井口喷出,高可三四丈,昼夜可积千余担。"

据以上史料得知,清道光初年,人们为开采天然气而钻凿的气井获得成功。在此以前,使用天然气作燃料的盐灶只占全部的1/10。此后,用天然气燃料熬盐,得到了普遍的应用。19世纪初,开始开发埋藏深度较大的主要气层。1835年钻完的兴海井,深达1001.4米,天然气日产量5000—8000立方米。海顺井的天然气产量,可以同时烧盐灶700多座,估计日产量75000立方米以上。1840年用顿钻方法钻成了深1200米的高产天然气井,被誉为"火井王"的磨子井,刚钻成时日产量15万立方米,经过20年以后仍可烧锅400余口。

咸丰三年,太平军建都天京,控制了长江中下游,淮盐不能上运,湘鄂人民苦于淡食,于是清政府准许川盐济楚。由于市场需求量的剧增和高额利润的刺激,四川盐业得到很大发展,自流井场更跃居川盐生产首位。

清同治年间是自流井气田采气业的兴旺期,不仅钻井技术达到很高水平,同时井口控制、计量和输送等主要开采技术,也得到相应解决。据《四川盐法志》记载:天然气井完钻后,用一个虚底木桶罩在井口上,经过封闭加固后,桶上留小孔,装上竹管,由地下引出天然气。为了计算天然气的产量,人们在水平的出气管上,装上一排直立的小竹管,然后逐个点燃,根据火焰高低与被点燃的竹管根数,推算出天然气的产量。其计算的准确程度是相当高的,与后人采用近代方法测得的结果相差无几。

在欧洲,英国是最早使用天然气的国家,它始于 1668 年。这比我国晚了 1000 多年。

锌元素远销欧洲

1745 年,一艘满载中国商品的货船,从广州起航前往瑞典,不幸途中沉没于哥德堡海港。船上的海员全部遇难。船中的货物也随之沉没于海底。过了大约 100 年以后,人们把这只沉睡于海底近一个世纪的货船的残骸,从海底打捞上来,发现船中装有很多金属块,经过化验,是当年中国出口欧洲的锌块,其纯度竟达到 98.99%……

金属锌是我国最先发现、最早提炼出来的一种化学元素。明代科学家宋应星在《天工开物》一书中对炼锌的过程有非常详细的描述。其操作的基本方法是将炉甘石与作为还原剂的煤炭,密封在泥罐中,高温煅烧,从而得到还原出来的金属锌。这种炼锌的方法是非常科学的。锌的还原温度约 1000℃,而它的沸点只有 907℃,如果不进行密闭煅烧,得到的锌会立即挥发掉,也就是像宋应星指出的那样"即成烟飞去",得不到任何产物。这种技术对世界冶金生产产生了重大的影响。直至今天,火法炼锌仍沿袭这一古老而颇具科学道理的基本工艺。

从 16 世纪初开始,我国的锌开始远涉重洋,销往欧洲,欧洲人才第一次知道锌这种金属。18 世纪初,一位名叫劳逊的英国人来中国考察,学会了炼锌术。他回国后,在英国建立了欧洲第一家炼锌厂,但这已比中国晚了几百年。

自古以来,黄金和白银就是财富的象征。我们的祖先在发现了金属锌以后,又在世界上最早制成了类似黄金和白银的铜合金——黄铜和白铜。黄铜是铜锌合金,它金光闪烁,被人戏称为"傻子金";白铜是铜镍合金,它银光闪耀,被誉为"中国银"。黄铜和白铜冶炼技术的发明,是继金属锌冶炼成功之后,我国古代再次取得的两项伟大的科技成就,在世界科技史上占有相当重要的地位。

在我国古代,人们把黄铜称做"鍮石"。最初冶炼黄铜的方法是用一种叫作炉甘石的含锌矿物与铜共熔。在宋代就有用这种方法冶炼黄铜的文字记载:"用铜一斤,炉甘石一斤,炼之即成鍮石一斤。"炉甘石的矿物成分是碳酸锌,它的含量不稳定。所以,用炉甘石与铜配料炼出的黄铜,含锌量也不容易控制,这直接影响到黄铜的产量。到了明代,我国劳动人民成功地从炉甘石中炼出了金属锌,开始用铜与金属锌配料炼黄铜,生产出了性能稳定的黄铜。用铜、锌配料生产黄铜,是当时遥遥领先于整个世界的先进技术,是世界冶金史上一个划时代的贡献。

白铜的发明是我国古代冶金化学的又一项杰出成就。其大规模的生产是在明清时期兴起的。我国的云南是白铜的故乡,直到1776年以前,被世界各国人民所珍视的白铜器物大都是从云南流传出去的。云南的会理盛产镍铜矿,但它的成分不稳定,有的含铜多,有的含镍多。对于含镍多的矿石,冶炼时必须加入一些金属铜,才能得到性能优良的白铜。据清代留存下来的文字记载,在冶炼白铜时,往往要另外配入一些紫铜和黄铜,以控制和调整铜镍合金的色泽。现在称为镍银的白铜一般含铜$52\%\sim80\%$,镍$5\%\sim32\%$,锌$10\%\sim35\%$,在这个范围内的白铜颜色银亮,特别耐化学腐蚀,几乎不生锈。有人分析了古代的白铜墨盒,结果含铜62.5%,镍6.14%,锌22.1%,所有的成分完全符合现代镍银的标准。另外值得一提的是,镍铜矿中的镍含量一般在1%左右,而铁的含量则多达20%左右,我国古代劳动人民利用这种矿石成功地炼出含铁量很低的白铜。这种冶炼低铁的白铜,并利用加锌的办法改进色泽的技术,是我国古代冶金工匠的一个创举。

从18世纪开始,中国出产的白铜远销欧洲,驰誉世界。当时欧洲的贵族特别欣赏中国白铜,用中国白铜制的餐具被视为珍品。欧洲科学界也掀起了一场仿造中国白铜的热潮。英国和瑞典的化学家仔细化验了云南白铜的成分，进行了仿制试验。德国的资本家重金悬赏研制白铜技术，终于制成了类似的合金。后来，德国生产的白铜畅销于欧洲，被称为"德国银"。但历史却无可辩驳地证明，"德国银"并不是德国人发明的，它的专利在中国，它的大名应该是"中国银"！

在现代社会中，黄铜和白铜早已成为重要的工业原料，广泛地应用于电子、化工、航天、兵工等工业部门。我们应该为此感到骄傲和自豪，因为它们是我们的祖先为人类做出的杰出贡献。

青铜器之尊司母戊鼎

我国早在夏代就已经进入了冶炼青铜的时代。据考古发现，目前已知最早的铜实物是甘肃马家窑文化遗址的铜刀，其年代约为公元前4700年左右。可见，青铜冶炼技术在我国有着悠久的历史。

我国青铜冶炼业的发展大致经历了草创期、形成期、鼎盛期、延展期和转变期五个阶段，现在已经出土的铸造于鼎盛期的司母戊鼎是其中最有代表性的实物，也是我国辉煌的青铜冶炼技术的象征，因此有"青铜器之尊"的美名。

鼎最初是我国古代炊食器。早在7000多年前，我国就已经出现了陶制的鼎。铜鼎则是商周时期最为重要的礼器。在古代，鼎是贵族身份的代表。典籍中有天子九鼎、诸侯七鼎、大夫五鼎、元士三鼎或一鼎的用鼎制度的记载。此外，鼎也是国家政权的象征，《左传》中说：夏王桀昏庸无德，所以鼎被商代所得，商纣王实行暴政，所以鼎又被周代所得。鼎大多为三足圆形，但也有四足的方鼎，司母戊鼎便是最负盛名的四足大方鼎。

司母戊鼎是我国商代后期王室祭祀时使用的青铜方鼎，铸造于公元前16世纪至公元前11世纪之间。最初于1939年由河南省安阳市武官村一位农民在自家的农地中发现，后来被一位古董收藏家得知，想以20万大洋买下，但因鼎太重太大，移动困难，古董商便要求村民锯断大鼎然后运出，但仅锯一耳便锯不断，只有作罢，并重新埋起来避免被其他人发现。后来这一被锯断的耳朵也因此而丢失。1946年6月,该鼎被重新掘出,原物先存于县政府处。同年10月底,为庆祝蒋介石60寿辰,驻军用专车把它运抵南京作寿礼,蒋介石当即指示拨交中央博物院筹备处保存。1948年夏天,该鼎在南京首次公开展出,蒋介石亲临参观并在鼎前留影。解放前,国民党逃往台湾时因重量问题没有把该鼎运往台湾,中华人民共和国成立后,该鼎转存于南京博物院,1959年转交中国国家博物馆至今。

司母戊鼎是中国商代(约前16世纪～前11世纪)后期王室祭祀用的青铜方鼎,因鼎腹的内壁铸有"司母戊"三字而得名。

司母戊大方鼎

司母戊鼎形制雄伟,高大厚重,又称司母戊大方鼎。鼎高133厘米、口长110厘米、口宽79厘米、重832.84千克,鼎腹长方形,上竖两只直耳(发现时仅剩一耳,另一耳是后来据所剩之耳复制补上),下有四根圆柱形鼎足。该鼎是中国目前已发现的中国古代形体最大最重的青铜器,在世界上也是仅有的最大古鼎。

鼎的四个立面中心都是空白素面,周围则布满商代典型的兽面花纹和夔龙花纹。这些兽面纹又称饕餮纹,是以虎、牛、羊等动物为原型,经过综合、夸张等艺术处理手法而创造出的一种神秘的动物形象。

鼎耳的侧面雕刻着两只相对的猛虎,张开巨口,虎口相对,衔着一颗人头。这种纹饰后世演变成"二龙戏珠"的吉祥图案。一般认为,这种恐怖的吃人艺术形象,表现的是大自然和神的威慑力,渲染出一种精神上的压迫感,以显示统治阶级的无上权威。也有人推测,那个人是主持占卜的贞人,他主动将头伸入猛虎口中,目的是炫耀自己的胆量和法力,使民众臣服于自己的各种命令,因为当时的贞人出场时都牵着两头猛兽,在青铜器和甲骨文经常可以看到这样的图案。鼎耳两侧为两尾鱼形,而在鼎足上则铸造有蝉纹,图案表现蝉体,线条清晰。

司母戊鼎反映出商代青铜冶铸业造型、纹饰、工艺均达到极高的水平,是商代青铜文化顶峰时期的代表作。

据历史学家推测,司母戊鼎是商王为祭祀他的母亲戊而铸造的。关于该鼎的铸造方法,根据考古工作者的观察分析,认为是采用组芯的造型方法,即先用土塑造泥模,用泥模翻制陶范,再把陶范合到一起灌注铜液。从铸造痕迹来看,该鼎的鼎身和鼎足为整体铸成,鼎耳是在鼎身铸好后再装范浇铸的。铸造这样高大的铜器,所需金属料当在 1000 千克以上,且必须有较大的熔炉。经测定,司母戊鼎中含铜、锡、铅的比例,与古文献记载制鼎的铜锡比例基本相符。司母戊鼎出色的铸造技术,充分显示出了商代青铜铸造业的生产规模和技术水平。

总而言之,司母戊鼎是中国古代青铜冶炼和铸造技术的完美体现。它的造型厚重典雅,气势宏大,纹饰美观庄重,工艺精巧,是商代文化发展到顶峰的产物,也是我们中华民族令人骄傲的瑰宝。

马王堆汉墓中的漆器

在我国湖南省博物馆里,陈列着从马王堆汉墓出土的一些形状各异的精美漆器。它们虽然在阴暗潮湿的地下沉睡了 2000 多年,却依然熠熠生辉、光彩夺目,吸引着众多的参观者驻足赞叹。

马王堆汉墓出土的这些漆器,是用中国特产的生漆涂刷加工而成的。生漆是我国原产的漆科木本植物漆树的一种分泌物。它形成的漆膜坚硬光亮,耐热、耐水、耐油,而且抗腐蚀性极好。所有这些优良特性是其他任何涂料都无法相比的。所以,今天生漆还享有"涂料之王"的美称。

同瓷器一样,漆器是我国古代劳动人民在化学工艺和工艺美术方面的重要发明。远在 4000 多年前的虞夏时代,我国就已出现漆器。战国时期成书的《韩非子·十过篇》中曾说:"尧禅天下,虞舜受之,作为食器……流其墨其上……舜禅天下,而传之于禹。禹作为祭品,墨染其外,朱画其内。"这说明早在 7000 多年前的新石器时代,我国就有了把漆器作为食器、祭器的记载了。

马王堆汉墓出土的漆器

把漆液从漆树中自然引流出来以后,经日晒形成黑色发光的漆膜。我国古代聪明的劳动人民,发现了这种自然现象,并加以利用,把它刷在器具上,成为原始的漆器。漆液中加入红色的颜料,就成为原始的色漆。在公元前 14 世纪~公元前 12 世纪的安阳殷墟遗址中,出土了红色雕花木器,它是现存最古的漆器。

春秋战国时期,人们已经重视漆树的栽培。这时出现了国家经营的漆林。战国时代最著名的思想家庄子就做过管理漆园的官。战国工匠们还初步认识到漆膜对器物的防腐保护功能。《考工记》中说:"漆也者,以为受霜露也。"油漆的用途逐渐扩展,除了食器和祭器以外,车辆、乐器和一些日用品,也开始用油漆来涂饰。

油漆技术的一项重大突破是桐油的使用。桐油是从桐树的种子中榨出来的,是我国特产的一种干性植物油。早在战国时期,油漆工匠就掌握了桐油的制法,并创造性地把桐油加入到生漆中,得到了混合涂料。现在出土的一些战国漆器上的纤细花纹,就是用桐油配上各种彩色颜料绘成的。直到近代,人们仍把桐油加入漆中,这样既可改善性能,又可降低成本,收到双重效益。

秦汉时期是油漆业和油漆技术大发展的时期。当时油漆技术最突出的成就是发明了"荫室"。所谓荫室,是生产漆器的一种专用房间,房中必须保持温暖和潮湿。荫室是符合现代生漆成膜的科学道理的。现代科技成果表明,生漆在较高的湿度下氧化成膜,得到的漆膜质量最好,干燥最快,而且不易裂纹。荫室的发明是我国古代油漆工人的一项伟大创举。

漆器一般要涂刷几道漆,下道漆要等上道漆干透后才能上,因而整个生产周期很长。为了加快漆膜的干燥,缩短生产周期,古代工匠发明了化学催干剂。他们在生漆和桐油中分别加入少量蛋清和氧化铅(当时称密陀僧)或土子(含二氧化锰),可以有效地促进高聚物薄膜的形成和干燥。这在当时是一项了不起的科技成就。

自秦汉以后,油漆技术已经基本定型,人们开始在底胎和面漆两方面进行改革,创造出一系列风格独特的新产品。在魏晋南北朝时期,人们发明了夹纻脱胎法造佛像,先塑出泥胎,再在外面粘贴上麻布,在麻布上涂漆和彩绘,等油漆干了,再把泥胎用水冲出来,就造成了中空的漆佛像。这种佛像十分轻巧,一丈多高的佛像,一个人就能轻易举起来。日本至今还完好地保存着唐代著名和尚鉴真的夹纻塑像。

唐宋时代的漆工在面漆的装饰和加工方面显示出了高超的技艺:有的用金银薄片雕成花纹,粘在漆胎上,称为"金银平脱";有的把朱漆连上几十道,形成很厚的漆层,然后雕出富有立体感的图像,称为"剔红";有的用贝壳、玉石、珠宝等装饰

唐代漆器

在漆面上,组成美丽的画面,称为"螺钿"。这一时期的油漆也广泛应用于建筑修造业。

明代在南京设立了官营的漆树园和桐树园,在北京果园厂创建了官营的油漆工厂,专门生产御用漆器。这时还出现了有关油漆技术的专著。精通油漆技术的浙江新安民间漆工黄成,搜集、整理前人的论著,并

结合自己多年的实践经验,写出了著名的油漆技术专著《髹饰录》。这部书分上下两辑,上辑讲漆器制造的原料、工具、方法以及各种漆器纰漏出现和产生的原因;下辑叙述漆器的分类和几十种不同的漆器装饰技巧。这部书是我国现存最早的一部油漆技术专著,是明代以前油漆技术的总结,直到现在仍有重要的参考价值。

我国的漆器和油漆技术很早就流传到国外。朝鲜、蒙古、日本等东亚国家,缅甸、印度、孟加拉、柬埔寨、泰国等东南亚国家,以及中亚、西亚各国,都在很早以前的汉、唐、宋时期从我国传入了漆器和油漆技术,并且分别组织了漆器生产,构成了亚洲各国一门独特的手工艺行业。汉代四川广汉郡官漆作坊生产的纪年铭漆器在朝鲜北部有大量出土,蒙古的诺因乌拉古墓群也出土不少汉代纪年铭金铜扣漆器,日本的正仓院至今还收藏着唐代泥金绘漆、金银平脱等。

我国漆器经波斯人、阿拉伯人和中亚人向西传到欧洲一些国家。在新航路发现以后,中国和欧洲各国有了直接往来,漆器又通过葡萄牙人、荷兰人贩运到欧洲,受到了欧洲人民的珍视和喜爱。17~18世纪以来,欧洲各国仿制我国漆器成功。当时法国的罗贝尔·马丁一家的漆器闻名于欧洲大陆。最初的制品风格仍旧脱胎于我国。因此,世界各国的漆器同瓷器一样,也是受惠于我们祖先的功绩。

和漆器一起,我国的桐油也从13世纪经葡萄牙人输入欧洲。在这以前,欧洲人只是从13世纪来华的意大利人马可·波罗的游记中第一次知道桐油的名字,而从未见过真正的桐油。此后,欧洲各国一直大量进口中国桐油,直到20世纪初,美国等国从中国移种桐树成功,这才逐渐取代了中国桐油。